이런 캠퍼스 투어는 처음이야!

• 들어가는 글 •

이렇게 지리적인 캠퍼스 투어라니

몇 해 전, 졸업한 제자가 찾아왔습니다. 시간 가는 줄 모르고 이야기를 나누다 보니, 자연스럽게 대학 생활에 관한 근황 토크로 이어졌습니다. 연세대학교에 다니는 제자에게 직접 전해 듣는 신촌의 최근 분위기, 1년 동안의 송도(국제캠퍼스) 생활, 연고전(고려대학교에 다니는 제자들은 고연전이라고 부르지요)에 관한 이야기, 캠퍼스 커플이 된 에피소드 등은 여러모로 신선한 자극이 되었습니다.

명색이 지리 선생이다 보니, 제자의 이야기를 가만히 듣고만 있을 수는 없었습니다. 대학과 관련하여 지리적으로 풀어 볼 만한 흥미로운 소재들이 마구 떠올랐던 거지요. 신촌의 탄생과 변천사, 연세대학교 교명의 유래, 연세대의 교명이 들어간 지하철역이 없는 이유 등에 관한 두서없는 '썰'들을 제자도 재미있게 들어 주었습니다. 듣는 제자만큼이나 말하는 저 또한 흥분되었지요. 그때 생각했습니다. 서울 땅을 가득 채우고 있는 대학교 캠퍼스의 자리와 공간 구성들이 지리적으로 꽤 의미 있는 이야깃거리가 될 수 있다는 사실을요.

제자가 다녀간 후, 대학교 캠퍼스의 자리를 본격적으로 살펴보기 시작했습니다. 아무래도 학생들의 관심이 쏠려 있는 소위 '인서울' 대학교들에 집중하게 되었지요. '인서울'은 이름 그대로 행정구역상으로 서울특별시 안에 있다는 뜻입니다. 입시 영역이나 학교 현장뿐 아니라 우리 사회 전반에서 이미 고유명사처럼 굳어진 '인서울'은 전국 수험생의 선호를 대변하는 상징적 명칭이기도 합니다. 서울 소재 대학 중에서도 특히 수험생이 목표로 두는 대학들은 역사와 전통이 있는 학교들입니다. 전국 누구에게 물어봐도 단박에 아는 대학은 그 자체로 하나의 브랜드이기도 해요. 대학교를 상징하는 휘장이나 로고는 대학 캠퍼스의 울타리를 넘어선 지 오래입니다. 병원이나 약국, 법률사무소 등을 넘어 동네 편의점에 진열된 먹을거리에서도 대학의 브랜드를 찾을 수 있을 정도니까요.

그렇게 모인 캠퍼스 이야기들을 학교 수업의 막간마다 아이들에게 들려주었습니다. 날마다 시달리는 입시 정보가 아닌, 마치 학교 교정을 직접 거니는 듯 생생한 공간 이야기에 아이들은 눈을 밝게 빛냈습니다. 캠퍼스의 특징과 그에 얽힌 지리적 의미를 되짚어 보는 일은 지리 교사인 저에게도 색다른 활력을 주었습니다. 결국에는 직접 배낭을 매고, 대학 투어 가이드가 된 듯한 기분으로 각 대학을 직접 답사하게 되었습니다.

몸소 보고 듣고 거닐며 캠퍼스의 뿌리를 더듬다 보니, 모르고 지나칠 뻔했던 장소에 깃든 공간적·지리적 특징을 두루 살필 수 있었습니다. 서울대학교가 크게 관악캠퍼스와 연건캠퍼스로 나뉠 수밖에 없는 이유, 중앙대학교가 까만 돌이 많은 공간에 터를 잡은 배경, 서울교육대학교가 의도치 않게 거대 상권에 자리하게 되는 도시화의 역사, 한양대학교가 이른바 '한양공법'을 통해 건물을 연결할 수밖에 없던 까닭 등은 캠퍼스 답사를 통해 피부로 깨친 각 대학들의 특징입니다. 수상하게 쏘다니는 낯선 이방인이 길을 물을 때마다 친절하게 답해 준 교직원과 학생들과의 담소 또한 즐거운 경험이었습니다.

주말과 연휴마다 들뜬 마음으로 분주히 움직이다 보니, 어느새 열세 번에 걸친 인서울 대학교 캠퍼스 지리 여행을 마치게 되었습니다. 재학생들에게 가장 사랑받는 분식집에 가 보기도 했고, 오랜 시간 지역의 맹주로 자리매김한 평양냉면집을 찾기도 했습니다. 넓디넓은 캠퍼스를 답사하다가 지칠 때면 근처 카페에 들러 여정을 정리하고 생각을 가다듬기도 했지요. 미처 살피지 못한 장소와 그에 얽힌 이야기들도 없지 않겠지만, 지나고 보니 모든 걸음이 추억으로 남습니다.

서울에는 각양각색의 대학교가 있는 만큼, 일목요연한 분류 기준을 마련하기는 쉽지 않았습니다. 그럼에도 각 대학들의 특징에 근거하여 몇 가지 키워드를 추려 보았습니다. 번화한 대학가를 거느린 대학, 나라에서 운영하는 국공립대학, 전통과 종교의 정취가 묻어나는 대학, 운치 있는 자연경관을 품고 있는 대학 등 크게 4부로 구성했습니다. 이렇게 나눠 놓기는 했지만, 열세 개의 대학 모두 하나같이 창의성과 역동성이 충만한 젊은이의 공간이라는 점에서는 다르지 않았습니다. 물론 흥미로운 역사와 공간의 이야기를 품고 있다는 점에서도 그러했지요.

무엇보다 인서울 대학교의 자리는 서울의 도시화 과정과도 관련이 깊습니다. 백여 년 전만 하더라도 서울(한성)은 종로를 중심으로 하는 사대문 안의 성곽도시에 지나지 않았지요. 그러나 성곽은 전차의 도입 이후 빠르게 기능을 잃으며 해체되었습니다. 서울의 외연이 급격히 팽창하면서 인구 또한 기하급수적으로 늘어났습니다. 너무 많은 사람이 단기간에 몰리다 보니 주거와 교통 문제를 해결하는 데 난관이 많았습니다. 이미 확고한 영향력과 부지를 확보한 대학교 주변도 예외는 아니어서, 캠퍼스와 인근 지역은 상호 공존 또는 보완의 기능을 맺어 왔습니다. 이를테면 고려대학교가 그렇습니다. 개운사 일대까지 깊숙하게 파고든 좁고 긴 주택가는 고려대학교 캠퍼스의 확장을 엿볼 수 있는 단서가 되었어요.

강남과 강북의 대비도 흥미로운 포인트입니다. 인서울 대학교 중에서도 역사가 오래된 학교일수록 대체로 한강 이북에 자리 잡고 있습니다. 반면에 비교적 앳된 대학교나 캠퍼스는 대부분 한강 이남에 위치하지요. 한강 이북에서 캠퍼스 확장 또는 이전 결정으로 터를 옮긴 서울대와 서울교대가 그렇고, 올림픽이라는 국가 행사를 기점으로 캠퍼스 이전을 결정한 한국체대도 비슷한 맥락을 갖습니다. 중앙대학교가 흑석동, 숭실대학교가 상도동에 둥지를 튼 건, 당시로서는 꽤 파격적인 행보이기도 했죠. 하지만 두 대학 모두 한강 이남에서 가장 번성했던 영등포 근처에 둥지를 틀었다는 공통점이 있습니다.

꼭 서울의 도시화 과정을 염두에 두지 않고 시야를 좁혀 보아도 흥미로운 이야기들이 충분히 쏟아집니다. 학교 인근에 위치한 특정 시설이나 기관, 랜드마크, 심지어는 대규모 아파트 단지에서도 지리적으로 의미 있는 이야기를 풀어낼 수 있습니다. 대학의 자리가 곧 공간의 역사임을 이 책을 통해 되짚어 보았으면 합니다.

이 책과 인연이 닿은 여러분이 가고 싶은 대학에 관한 구체적인 꿈을 꾸게 된다면 좋겠습니다. 이미 대학 시절을 지나온 독자들에게는 캠퍼스에 얽힌 추억을 더듬어 보는 작은 계기가 될 수도 있겠지요. 대학교는 그냥 학교가 아니라 수많은 사람의 추억을 담은 기억의 공간이자, 희망의 공간이니까요!

2025년 5월
최재희

이 책에서 여행할 학교들

① 건국대학교　　18
② 연세대학교　　36
③ 경희대학교　　54
④ 서울대학교　　78
⑤ 서울교육대학교　　96
⑥ 한국체육대학교　　114
⑦ 동국대학교　　138
⑧ 서강대학교　　156
⑨ 성균관대학교　　174
⑩ 고려대학교　　200
⑪ 중앙대학교　　220
⑫ 숙명여자대학교　　238
⑬ 한양대학교　　258

• 목차 •

들어가는 글: 이렇게 지리적인 캠퍼스 투어라니 ··· 5

1부. 대학가 핫플레이스에 놀러 올래?

01. 웅장한 호수를 품은 화려한 상권 - **건국대학교** ··· 18
02. 홍대와 이대 사이, 신촌의 시간을 느끼다 - **연세대학교** ··· 36
03. 유학생 거리를 지나 '평화의전당'까지 - **경희대학교** ··· 54

모르고 넘어가기 아쉬운 TMI
트로이카 역동전을 아시나요? 경희대-외대-시립대 열전! ··· 71

2부. 우리 학교는 나라가 키운다!

04. 고개를 들어 관악을 보라! - **서울대학교** ··· 78
05. 강남을 관통하는 교대의 역사 - **서울교육대학교** ··· 96
06. 올림픽의 영광을 품은 백제의 옛 성터 - **한국체육대학교** ··· 114

모르고 넘어가기 아쉬운 TMI
대학이 곧 브랜드, 우유와 두유 열전 ··· 131

3부. 운치 있는 종교, 정취 있는 학교

07. 충무로 일대를 훑으며 불교의 향기를 맡다 - **동국대학교** ··· 138
08. 붉은 벽돌에 담긴 아늑한 건축의 역사 - **서강대학교** ··· 156
09. 성균관에 오르면 과거가 한눈에 보인다 - **성균관대학교** ··· 174

모르고 넘어가기 아쉬운 TMI
여행을 떠나요! MT 장소의 지리적 특성 ··· 192

4부. 자연을 품은 교정을 거닐다

10. 돌들에게 물어봐! 고대의 과거와 미래 - **고려대학교** ··· 200
11. 담장을 허물고 광장에 우뚝 서다 - **중앙대학교** ··· 220
12. 옛 철도를 따라 미래 도시 용산까지 - **숙명여자대학교** ··· 238
13. 두물머리 위로 구름다리를 지나다 - **한양대학교** ··· 258

모르고 넘어가기 아쉬운 TMI
이게 등교인지 등산인지... 우리 학교는 왜 언덕에 있을까? ··· 277

[부록] 해외대학 탐방하기 ··· 280

사람이 많이 모이는 인기 명소를 '핫플레이스'라고 합니다. 사람이 모이는 곳엔 먹을거리와 놀거리도 몰리고, 그렇게 대형 상권이 형성되지요. 서울의 핫플레이스 근처에는 대부분 유명 대학이 터줏대감처럼 자리 잡고 있습니다. 신촌 상권의 연세대학교, 이화여자대학교, 서강대학교가 곧장 떠오르고, 인근의 홍익대학교와 건대 상권의 건국대학교도 빼놓을 수 없습니다. 경희대학교와 연결된 회기역 인근 또한 서울 동북부의 두드러지는 대학 상권입니다. 한국외국어대학교, 서울시립대학교, 덕성여자대학교, 고려대학교 등이 근처에 모여 있지요.

여기서 한 가지 의문이 떠오르지 않나요? 핫플레이스 덕에 대학교가 들어선 걸까요, 아니면 대학교 덕에 핫플레이스가 만들어진 걸까요? 답하기 어려운 문제이지만, 시기상으로 보면 대부분 대학이 먼저 들어서고 나서야 핫플레이스가 형성되었습니다. 신촌 상권을 상징하는 대표적 대학인 연세대학교의 뿌리는 연희전문학교와 세브란스병원입니다. 두 기관은 각각 1917년, 1885년에 설립되었지요. 건국대학교와 경희대학교 인근의 상권도 학교가 들어선 이후에 성장하였지요.

하지만 그렇다고 대학 캠퍼스와 핫플레이스가 항상 같이 가는 것은 아닙니다. 연세대학교의 존재는 신촌 상권의 성장을 이끈 원동력이기도 했지만, 부분적으로는 쇠락을 촉발하는 계기가 되기도 했거든요.

2000년을 전후로 대학 생활을 한 세대에게 '신촌역 몇 번 출구에서 만나자'는 약속은 익숙한 표현일 것입니다. 3번 출구는 맥도날드, 1번 출구는 현대백화점과 같은 식이었죠(지금은 3번 출구를 나오면 홍익문고가 가장 먼저 사람들을 반겨 줍니다). 신촌로터리를 끼고 연세대 방향으로 뻗은 연세로를 줄기 삼아 방사형으로 뻗은 골목을 가득 채운 젊은이들로 인산인해를 이뤘던 시절입니다. 청년층은 새로운 문화를 만들고 소비하며 또 널리 전파하는 메신저이죠. 젊은이가 많던 신촌은 연세대학교를 중심으로 이화여자대학교, 서강대학교의 젊은 대학생들이 주도하는 트렌디한 공간이었습니다.

하지만 시간이 흐르자, 신촌 또한 젠트리피케이션(낙후된 지역이 활성화되는 과정에서 거대 자본이 유입되고, 임대료가 상승함으로써 원 거주민이 쫓겨나게 되는 현상)을 피하지 못하고 홍대 상권에 왕좌를 넘겨주었지요. 신촌은 여전히 서울의 핫플레이스이지만, 그 위세가 예전만 못합니다. 연세대학교의 국제캠퍼스 조성은 이러한 변화에 기름을 부었습니다. 음악대학을 제외한 연세대학교의 학부 1학년생 모두는 인천 송도에 위치한 국제캠퍼스에서 한 해를 보내야 합니다. 상권의 핵심 수요층인 새내기들이 빠져나갔다는 건, 원래대로라면 신촌에서 활발히 이루어져야 했을 미팅이나 소개팅, 조별 과제 모임 수요가 사라졌다는 뜻이지요.

건국대학교와 더불어 성장한 건대 상권 또한 비슷한 변화를 겪었습니다. 처음에는 대학 상권으로 시작했지만 이내 대형 자본이 흘러들어 상권을 다른 방향으로 키워 간다는 측면에서요. 신촌과 건대 상권은 이제 단순히 '대학가'라고 부르기 힘들 정도의 변화를 겪어 왔습니다. 한편 경희대학교 일대의 회기역 상권은 최근 중국어 간판 문제로 골머리를 앓고 있습니다. 중국어를 모르면 어떤 가게인지 쉽게 알 수 없을 정도로 중국인 중심 상권이 빠르게 자리 잡고 있죠. 이처럼 대학교 일대의 상권은 자본력을 가진 수요의 변화에 따라 빠르게 변한답니다. 아무리 번화한 핫플레이스라도 영원할 수는 없는가 봅니다.

웅장한 호수를 품은
화려한 상권

건국대학교

우리 민족 최초의 국가인 고조선은 단군왕검이 기원전 2333년에 '건국'했다고 합니다. 한반도를 무대로 나타나고 또 사라졌던 수많은 나라들이 그 옛날 고조선을 시작으로 정통성을 이어 왔지요.

'나라를 세운다'는 뜻의 건국(建國)은 오늘날 대한민국이 사라지지 않는 한 더 이상 쓰임이 없는 단어이지만, 대학 입시를 목전에 둔 수험생들에게는 너무나도 친숙한 단어입니다. 서울특별시 광진구에 있는 건국대학교 때문이지요. 건국대의 교명에 쓰인 한자어는 앞서 등장한 '건국'과 같은 뜻입니다. 올곧은 정신과 자세로 학문에 정진하여 나라를 바로 세우자는 것이 건국대의 설립 취지입니다.

다른 한편으로, 건국대의 줄임말인 '건대'는 SNS를 종횡무진 누비는 단어이기도 합니다. 건국대로 통하는 건대입구역은 수도권 지하철 2호선과 7호선이 만나는 환승역이자, 서울에서도 손에 꼽는 이른바 '건대 상권'을 거느린 핫플레이스이지요.

그렇다면 건대 상권은 어떻게 발달해 왔을까요? 건국대는 어떻게 지금의 위치에 자리 잡게 된 걸까요? 궁금증을 해소하려면 직접 떠나 봐야겠지요? 여행의 시작은 2호선 건대입구역에서부터입니다.

땅 위를 달리는 2호선, 건대입구역

한참 동안 지하를 달리던 2호선 열차가 잠실나루역에서 지상으로 올라옵니다. 한강을 건너기 위해서지요. 캄캄한 어둠을 지나 사방이 탁 트인 한강 뷰를 마주하니 상쾌하지 않나요? 잠실나루역에서 시작한 지상 구간은 건대입구역을 지나 뚝섬역까지 이어집니다.

그렇다면 이 구간을 지상으로 놓은 이유는 뭘까요? 강변역에서 뚝섬역까지의 노선을 들여다보면 두 가지 단서를 잡을 수 있습니다. 하나는 열차가 지나는 구간의 기반암이 같다는 것이고, 다른 하나는 해당 구간의 노선이 1980년에 개통했다는 점이지요.

2호선 건대입구역부터 뚝섬역까지는 신생대 제4기의 홍적층, 다시 말해 상대적으로 지반이 무른 퇴적암 지대입니다. 온갖 물질들이 쌓이면서 굳어진 퇴적암 지대에는 켜켜이 쌓인 퇴적 층리가 발달되어 있고, 방향을 예측하기 힘든 지반의 균열도 많습니다. 그래서 퇴적암 지역에서 터널 공사를 할 때에는 기반암이 단단한 지역보다 신중하게 접근해야 하지요. 나아가 1980년은 서울의 지하철 건설이 이제 막 본격화하던 시기였으니, 아무래도 지하를 뚫는 것보다는 교각을 세워 올리는 일이 수월했을 것입니다.

건대입구역 구간뿐만 아니라, 다른 지상 구간의 사정도 비슷합니다. 합정역에서 영등포구청역 사이, 신답역에서 성수역 구간, 대림역에서 신대방역 구간에서도 2호선 열차는 땅 위를 달리지요. 이들 구간 가운데 합정역에서 영등포구청역 구간만 한강을 건너려는 목적으로 잠시 지상으로 올라올 뿐, 나머지 구간의 기반암은 모두 단단하지 않고 무른 하천변 충적층이라는 공통점이 있습니다. 건설 당시의 도시화 정도도 변수였을 겁니다. 요즘은 서울의 역세권치고 변화하지 않은 동네가 없지만, 철로를 놓을 때만 하더라도 노선 주변으로는 인구의 밀집도가 낮았습니다. 당연히 도시의 미관을 고려할 필요도 적었고, 주민의 반발도 거세지 않았다는 것이지요. 굳이 공사비를 더 들여 가면서 철로를 지하로 숨길 필요가 없었던 것입니다.

이번에는 뚝섬역에서 다시 지하로 들어가는 한양대역의 지질도를 살펴볼까요? 한양대역부터는 기반암이 화강암으로 바뀌는 것을 확인할 수 있습니다. 화강암은 조직이 치밀하고 단단하여 터널은 물론 대형 댐을 놓기에도 최상의 암반으로 평가받습니다. 한양대역을

고가 철로에 있는 건대입구역은 서울 2호선 지하철에서 햇빛을 볼 수 있는 몇 안 되는 구간 중 하나다.

지하로 놓은 데는 기반암의 영향이 적지 않았다는 의미이지요. 지상과 지하를 넘나드는 2호선 순환선의 변주는 이처럼 공간의 지리적 조건과 관련이 깊습니다.

그런데 최근에는 2호선 건대입구역을 포함한 지상 구간을 아예 지하로 놓자는 목소리가 대두되고 있습니다. 시간의 흐름에 따라 공간의 쓰임이 바뀌면서, 꾸준히 주거지가 늘고 상권이 성장한 탓이지요. 시가지를 분리하고 도시 미관을 해치는 철로와 교각이 애물단지로 전락한 것입니다. 철로의 지하화가 현실이 된다면 어떤 변화가 올까요? 청계고가도로가 철거되어 청계천으로 탈바꿈했듯, 새로운 도시 재생 모델이 만들어질 수 있을지도 모르겠습니다. 부동산 가격이

뚝섬역을 지난 열차는 한양대역에 이르러 지하로 모습을 감춘다. 이는 2호선이 놓일 당시 상대적으로 평탄한 퇴적층 지역은 지상으로, 화강암 언덕에서는 다시 지하로 놓은 결과다.

오르고 임대 시장이 활기를 띨 수도 있을 테고요. 건대입구역 주변은 더욱 그러하겠지요.

건대입구역 ○○출구에서 만나!

건대입구역에서 내린 승객들은 대부분 건대입구역 교차로가 위치한 2번 출구로 향합니다. 사거리를 중심으로 해서 시계방향으로 건

건대 상권 골목 전경

국대 캠퍼스, 더샵스타시티, 자양동, 화양동이 늘어선 모양새지요. 그중 건대 상권은 대부분 행정구역상 화양동에 속합니다. 2번 출구로 나왔다면, 사거리의 북서 방향인 화양동으로 걸어가 볼까요?

사실 건대입구역의 원래 이름은 화양역이었습니다. 지하철역에 인근 지명이 들어가는 일은 비일비재하지요. 하지만 건국대는 지하철역 이름에 학교명을 넣고 싶어 했습니다. 건국대의 적극적인 구애로 개통 5년 만인 1985년, 화양역은 건대입구역이 되었어요. 건국대가 지하철 역명을 원한 까닭은 물론 홍보 효과를 기대했기 때문입니다. 지하철역은 버스 정류장보다 유동 인구가 많고, 주변을 포괄하는 범위가 넓어 공간에 대한 지배력과 파급효과가 크니까요.

이제 본격적으로 건대입구역 상업지역의 골목길을 돌아볼까요? 술집, 고깃집, 일식집, 분식집, 카페 등 우리가 상상할 수 있는 대부분의 먹을거리가 이른바 '건대 먹자골목', '건대 맛의 거리'를 중심으로 밀집해 있는 것을 볼 수 있습니다. 익숙한 프랜차이즈 식당부터 고유한 개성을 뽐내는 카페까지, 골목길을 따라 도열한 수많은 간판들이 오가는 사람의 관심을 끌기 위해 다양한 타이포그래피로 무장한 모습입니다.

이쯤에서 잠시 지도를 확인해 보겠습니다. 2호선과 7호선의 환승역인 건대입구역에는 총 6개의 출구가 있습니다. 1번과 2번 출구는 화양동의 건대 상권, 3번과 4번 출구는 건국대, 5번과 6번은 자양동의 건대 상권과 사람을 잇고 있네요. 특이한 점은 2007년에 완공한 더샵스타시티 쪽으로는 지상 출구가 없다는 점입니다. 지하로 들어가 보면 이유를 단박에 알 수 있습니다. 더샵스타시티의 주거 및 막강한 상업 시설은 지하철역과 직접 연결되어 있거든요. 이곳은 요즘 부동산 입지에서 가장 선호하는 이른바 '지품아'(지하철역을 품은 아파트 단지)입니다.

더샵스타시티 자리에는 본래 건국대 야구장이 있었습니다. 건국대는 상권 발달에 따른 유동 인구의 증가로 야구장을 외곽으로 이전하고 대신 그 자리에 대형 주상복합단지를 들였지요. 더샵스타시티는 대학의 성장을 위한 자금 마련을 명목으로 재단이 직접 부동산에 투자한 이색적인 공간입니다. 건국대가 직접 투자한 까닭에 공식 명칭인 더샵스타시티보다 건대스타시티로 불리는 경우도 많아요. 건국대가 부동산학과로 명성이 높은 것도 어쩌면 이런 공간적 변화와 관련이 있진 않을까요?

건대 상권의 빛과 그림자

끝나지 않을 것 같던 화려한 건대 상권도 화양제일골목시장에 들어서면 한풀 기세가 수그러듭니다. 눈부신 상권을 정신없이 구경하다 보면 어느새 정감 가는 전통시장이 나타나, 모르는 사람은 당황할 수도 있습니다. 다세대 연립주택의 1층을 가득 메운 방앗간, 과일 가게, 생선 가게 등은 정겨운 시장의 정취를 느끼게 하지요.

화양제일골목시장은 1980년대에 조성한 시장입니다. 시간이 갈수록 규모가 커져 광진구에서도 손에 꼽는 시장이 되었지만, 1990년대 대형 할인마트의 등장과 편의점의 급격한 성장으로 입지가 좁아졌지요. 바로 옆에 위치한 번화가의 성장도 시장의 입지에는 별로 유리한 요소가 아니었습니다. 이러한 악조건에도 불구하고 화양제일골

화양제일골목시장 골목

목시장은 차분하고 안정적인 느낌을 줍니다. 시장치고는 작은 규모지만 시장을 오가는 사람은 제법 많습니다. 그중에는 젊은 사람들도 적지 않고요.

조금만 생각해 보면, 화양제일골목시장과 건대 상권의 흥미로운 컬래버레이션도 떠올릴 수 있습니다. 건대 상권을 오가는 사람들은 전통시장에서만 즐길 수 있는 먹을거리에도 관심을 둘 테니까요. 화양제일골목시장은 이른바 '젊은이의 인싸 시장'으로서 입지를 다지고 있습니다. 시장의 맛집 목록에는 분식류, 간식류 등 간단히 먹을 수 있는 요깃거리가 상위권에 포진해 있지요.

시장을 통과하면 이제야 거주 지역이 모습을 드러냅니다. 주택가를 걷다 보면 화양초등학교와 맞닥뜨리게 됩니다. 한동안 관리되지 않은 느낌을 받았다고요? 맞습니다. 화양초등학교는 2023년 2월을 마지막으로 문을 닫았거든요. 서울 한복판, 그것도 건대 상권을 가까이 둔 초등학교의 폐교라니, 어찌 된 일일까요?

화양초는 1983년 18학급으로 개교하여 한때 30학급까지 규모가 늘었던 커다란 학교였습니다. 그러나 1990년대 중반 이후 건대 상권이 팽창하면서 학부모의 선호는 도리어 줄어들었던 것입니다. 대학생에게는 놀기 좋은 동네였지만, 어린 자녀를 둔 학부모들에게는 그렇지 않았던 것이지요. 가족들이 떠난 빈자리는 건국대 자취생들이 메우기 시작했고, 건물주 역시 다달이 세를 받을 수 있는 임대 수익을 원했을 것입니다. 화양동의 주민 구성을 보면 청년 1인 가구의 비중이 상당히 높다는 것을 확인할 수 있습니다. 핫플레이스는 외려 주거지로서는 매력이 없는 듯합니다. 서울 북촌 한옥마을이 그렇고, 경북 안동 하회마을도 그러하지요. 지나친 관심은 때론 독이 됩니다. 공간도 마찬가지이지요.

건대입구역의 정문은 어디인가?

화양초의 아련함을 뒤로하고 7호선 어린이대공원역과 가까운 건국대 후문으로 들어서 봅시다. 건국대 후문에는 '건국문'이라는 어엿한 이름이 있습니다. 건국대는 개교 50주년을 맞아 학교의 모든 출입구에 이름을 붙였는데, 건국문도 바로 그때 지어진 이름이지요. 원래 학교의 정문이었지만, 지금은 사실상 후문으로 여겨지고 있습니다. 건국대 재학생이나 주변 사람들도 '건국문'이라는 이름보다는 그냥 후문이라고 부르곤 합니다. 스타벅스를 비롯한 인근의 수많은 가게를 둘러봐도 '건대후문점'이라는 간판이 먼저 눈에 띄지요. 공원 산책로를 멋지게 가꿔 놓아도 잔디밭을 가로지르는 지름길이 자연스레 만들어지듯, 공간을 기억하는 것도 부르는 것도 결국은 사람의 몫입니다.

대학 캠퍼스를 드나드는 문은 그 학교의 정체성 또는 대외적인 이미지를 담당하는 중요한 구성 요소입니다. 특히 정문이 그렇지요. 건국문이 후문이 되었다면, 지금 건국대의 정문은 어디일까요? 바로 상허문입니다. 건대입구역 4번 출구와 가까운 문이지요. 상허문으로 가는 길에는 상허연구관, 황소상, 박물관, 상허기념도서관, 상허 유석창 박사 동상을 차례로 만날 수 있습니다. 도서관과 동상 앞으로 시원하게 펼쳐진 길은 누가 보더라도 건국대 정문이라는 사실을 단박에 알 수 있을 정도로 규모가 크고, 상징성이 강해 보입니다. 방금 지난 길은 일감호를 사이에 두고 건대를 남북으로 관통하는 일종의 대로입니다. 그렇다면 길을 지나는 내내 볼 수 있는 '상허'라는 이름은 무슨 뜻일까요?

캠퍼스에서 만나는 건국대의 뿌리

깔끔하게 정돈된 황소상 공원의 벤치에 앉아 잠시 쉬면서, 건국대의 역사를 잠깐 살펴보겠습니다. 건국대는 1931년 유석창 박사의 주도하에 설립되었습니다. '상허'는 바로 그의 호(號)이지요. 유석창 박사는 독립운동가이자 의사로서 '항상 조국을 생각하고 민족의 번영을 위해 마음을 비운다.'라는 뜻으로 건국대를 설립했다고 합니다. 오는 길에 만난 연구관과 도서관에 상허라는 이름이 붙은 까닭이지요.

벤치에 앉아 고개를 들면 보이는 황소상은 상당히 우람한 것이, 한눈에 봐도 특별한 의미를 지닌 조각상임을 알 수 있습니다. 건국대의 휘장에도 그려져 있는 황소는 학교의 상징 동물입니다. 황소는 건국대 학생들의 근면과 성실을 상징하는 동물이지요.

황소의 머리는 일감호를 바라보고 있습니다. 어쩌면 건국대의 상징 색이 녹색인 이유 또한, 황소가 뜯어 먹을 푸른 초원에서 따온 것인지도 모르겠습니다. 건국대 축제 이름이 '녹색지대'인 까닭 또한 이와 무관하지 않을 테고요. 녹색지대 축제에서 오랫동안 이어 온 행사

건국대학교의 상징 동물 황소상

로 '우유 마시기 대회'가 유명한데요, 자신 있는 친구들은 나중에 참여해 보는 건 어떨까요?

황소상을 지나면 오른편에 고풍스러운 벽돌로 지어진 박물관이 나타납니다. 역시 건국대 휘장 속 건물이지요. 박물관 건물엔 역사의 무게가 짙게 배어 있습니다. 이쯤에서 건국대 캠퍼스의 역사를 한번 추적해 볼까요?

본디 건국대는 서울 종로구 낙원동에 있었습니다. 6·25전쟁으로 잠시 부산에 임시 교정을 뒀지만, 전후 서울로 돌아오면서 지금의 터에 자리 잡았지요. 전쟁 이전의 낙원동은 그야말로 원조 대학로였어요. 낙원동 대학가는 대한제국 시기부터 해방 이후까지 중앙대교당, 서북학회, 한국민주당을 중심으로 독립운동의 산파 역할을 톡톡히 해냈지요. 건국대 역시 그 당시 서북학회 건물에서 싹을 틔웠고요.

1910년 일제에 국권을 빼앗기면서 애국계몽운동 단체였던 서북학회는 짧은 생을 마감했지만, 회관 건물은 1985년 건국대 광진구 캠퍼스로 이전되어 남게 되었습니다. 흥미롭게도 순전히 지반의 나이만 따지면, 회관 건물은 과거로 시간여행을 한 셈입니다. 낙원동 일대의 기반암은 중생대 화강암인 반면, 지금의 자리는 시·원생대의 변성암이 기반이거든요. 오늘날 건국대의 설립자 기념관이자 박물관으로 활용 중인 옛 서북학회회관은 서울의 등록문화재가 되어 학생과 시민을 맞아들이고 있습니다.

일감호, 건국대를 넘어 지역의 랜드마크로!

박물관 앞 계단에 서면 일감호가 한눈에 들어옵니다. 일감호는 단연코 건국대의 랜드마크라고 할 수 있지요. 일감호는 서울에서 단일 규모로는 가장 큰 인공 호수이자, 지금도 SNS에 게시하기 좋은 사진

일감호 전경

명소가 되곤 합니다. 일감호의 본래 이름은 장안호였는데, 중국 송나라 유학자 주희가 지은 시 「관서유감」의 한 구절에서 따와 일감호로 이름을 다시 지었습니다. '거울같이 맑은 호수'라는 뜻이지요. 서울 광진구 캠퍼스를 조성할 당시 일감호와 한강은 약 2킬로미터 정도의 수로로 연결되어 맑은 물의 공급이 가능했습니다. 호수 주변에 심긴 다양한 나무는 계절에 따라 아름다운 경관을 선물하지요.

그나저나 어떻게 커다란 호수를 캠퍼스 안에 만들 생각을 했을까요? 학생들에게 호연지기를 선물하려던 설립자의 취지가 주춧돌이 되었지만, 호수를 조성할 수 있는 지리적 조건도 그만큼 중요했습니다. 건국대 캠퍼스의 기반암은 신생대에 형성된 퇴적암인 홍적층

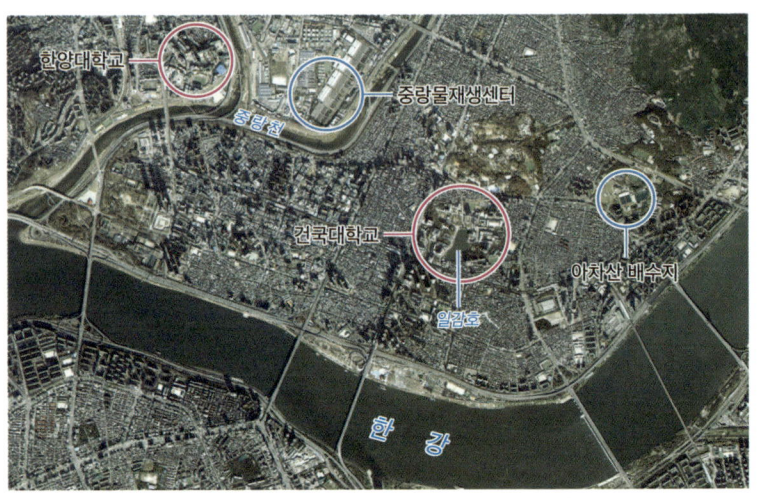

건국대 일감호는 인근 중랑물재생센터, 서울숲 일대, 아차산 배수지 공원 일대의 하수처리 시설과 마찬가지로 낮은 저습지에 물을 가둬 만든 인공 호수다. 중랑물재생센터는 중랑천의 본류와 지류를 거쳐 흘러드는 막대한 양의 물을 정화하는 시설이다.

이 주를 이루고 있습니다. 홍적층은 자갈, 모래, 점토 등으로 구성되어 있는데, 특히 점토층이 껴 있어 물이 잘 빠지지 않습니다. 한강에서 물을 끌어와야만 하는 인공 호수의 태생적 한계를 물의 유출을 억제할 수 있는 기반암이 보완한 셈입니다. 하지만 고인 물은 썩게 마련이니, 일감호의 수질은 꾸준히 관리해 주어야 합니다.

대학 캠퍼스 안에 조성한 커다란 호수는 존재만으로도 큰 심리적 위안을 준다고 해요. 넓은 호수를 한 바퀴 돌아보고 박물관 계단에 앉으면, 일감호 건너 맞은편으로 더샵스타시티 고층 빌딩의 스카이라인을 볼 수 있습니다. 건국대에 온다면 놓칠 수 없는 광경이지요.

건국대학교 최고의 랜드마크, 일감호의 그늘

건국대의 랜드마크는 아무래도 일감호입니다. 서울 소재 대학 가운데 5만 5,661제곱미터나 되는 광활한 면적의 호수를 가진 학교는 건국대가 유일하죠. 하지만, 일감호는 화려한 스포트라이트를 받는 만큼 그늘도 깊습니다.

일감호의 수질은 한눈에 봐도 썩 좋지 않습니다. 지하수에 의존하는 일감호의 물이 원활하게 차고 빠지지 않기 때문이지요. 일감호 개발 초기만 하더라도 한강에서 깨끗한 물을 공급해 주던 수로가, 오늘날 건대 상권을 이루는 고밀도의 도시화로 사라지고 만 것입니다. 가까운 지하수를 끌어다가 물을 보충하고 있지만, 워낙 호수가 넓어 감당하기 어렵습니다.

일감호의 수질이 좋지 않은 또 다른 이유는 생태학적 역설입니다. 일감호를 걸으면 거위, 오리, 백로, 가마우지 등을 쉽게 만날 수 있습니다(거위와 오리는 특별히 건국대 학생이 지은 '건덕이, 건구스' 등의 애칭으로 불리기도 합니다). 다양한 나무와 수중 생물들도 마주치게 되지요. 호수의 표면을 덮고 있는 조류(藻類) 또한 일감호 식생의 일부입니다.

조류는 광합성을 통해 수중 생물의 유기물을 만드는, 없어서는 안 될 존재입니다. 하지만 일감호에서는 조류가 만드는 물질이 비릿한 냄새를 유발하여 골칫거리가 되었습니다. 사실 물의 순환이 원활하다면 나타나지 않을 문제이지요.

홍대와 이대 사이,
신촌의 시간을 느끼다
연세대학교

편의점에서 파는 연세우유 생크림빵 시리즈가 인기를 끌고 있습니다. 맛도 좋고 연세대학교 로고와 브랜드 이미지가 주는 느낌 또한 우유 제품과 잘 어울리지요. 연세우유로 만든 빵이라는 마케팅 전략도 눈길을 끕니다. 최근 사립대학들이 등록금에만 치우친 재정 여건을 개선하기 위해 수익 사업에 한창이라는데, 연세유업 브랜드 또한 아마 그 일환일 것입니다. 연세유업은 1962년 캐나다로부터 젖소 열 마리를 기증받아 연세대 신촌캠퍼스에서 작은 목장으로 출발했습니다. 캠퍼스에서 시작한 낙농의 역사와 연세우유 브랜드의 탄생 과정은 건국우유와 여러모로 닮은꼴입니다.

연세대 탐방의 출발지는 아무래도 수도권 지하철 2호선 신촌역이 제격일 것입니다. 그런데 어째서 '연세대'라는 학교명이 들어간 역 이름은 없는 걸까요? 대학의 명성과 규모로 보면 이름을 새긴 지하철역이 있을 법한데 말입니다. 지도를 들여다보면 2호선 신촌역을 중심으로 연세대, 이화여대, 서강대가 눈에 들어옵니다. 그중 1984년에 개통한 2호선 신촌역과 정문 기준으로 가장 가까운 거리에 있는 대학은 서강대였어요. 그러고 보니 서강대는 2014년에 경의중앙선이 개통하며 이름이 바뀐 서강대역(원래 역명은 서강역)을, 이화여대는 1984년 개통한 2호선 이대역을 가지고 있습니다.

2호선 신촌역의 좌우로는 홍대입구역과 이대역이 포진한 모양새입니다. 2호선 신촌역의 이름이 연대입구역이었다면, 홍대입구역 - 연대입구역 - 이대역으로 이어지는 대학 역 트로이카가 탄생할 뻔했습니다. 뚜렷한 답을 얻기는 어렵지만, 아마 신촌역이 연대입구역이 되지 못한 데는 공간의 무게감이 작용한 듯싶습니다. 신촌은 서울에서도 존재감이 남다른 지역이거든요.

신촌의 연세로를 걷다

주말 오후 2호선 신촌역 근처를 지나다녀 본 적 있나요? 그야말로 인산인해입니다. 신촌은 저에게도 익숙한 공간인데요, 1번 출구 앞에는 현대백화점 신촌점이 우뚝 서 있고, 3번 출구 앞은 2014년 서

신촌은 젊음의 거리다. 2호선 신촌역 1번 출구로 나와 오른쪽으로 돌면 신촌의 랜드마크 중 하나인 유플렉스 앞 빨간 망원경이 보인다. 신촌에서 약속이 있는 사람들이 주로 모이는 장소다.

울미래유산으로 등재된 홍익문고가 굳건히 자리를 지키고 있습니다. 현대백화점에 시선을 빼앗기지 말고, 바로 북쪽으로 뻗은 연세로를 따라 올라가 봅시다.

연세로는 신촌오거리에서 연세대 정문에 이르는 약 500미터의 길입니다. 길가로 나란히 선 크고 작은 건물에는 상점들이 빼곡하게 들어차 있지요. 한때 차로 북적이던 도로였던 연세로는 지난 2014년부터 십여 년간 대중교통전용지구로 운영되었습니다. 대중교통전용지구에는 승용차를 포함한 일반 자가용 차량의 진입이 금지됩니다. 지나친 교통량을 제어하고, 걷기 좋은 거리로 만들어 상권을 활성화하려는 의도였지요.

2호선 신촌역 3번 출구 앞. 오른쪽으로 홍익문고의 모습이 보인다.

하지만 2025년부터 연세로의 대중교통전용지구 지정이 해제되었습니다. 본래 의도와는 달리 상권이 활성화되지 않았고, 오히려 침체되었던 탓입니다. 차량 통행을 재개해 달라고 지역 상인들이 요구해 온 배경이지요. 다만 여전히 일요일에는 연세로를 '차 없는 거리'로 운영한다고 합니다. 모쪼록 이번 결정이 신촌 상권의 부흥에 도움이 된다면 좋겠습니다.

창천교회 앞 독수리빌딩 꼭대기에 있는 독수리다방은 신촌의 공간 이력을 정리하기에 알맞은 공간입니다. 독수리다방이 어떤 곳이냐고요? 신촌이 한창 성장하던 시절, 문화 예술인과 연대생의 아지트로 불리던 전통의 음악다방이지요. 기왕 연세대 투어에 나섰다면 독수리다방에 들러 신촌 상권을 조망하는 것도 좋을 것입니다. 첨탑이 매력적인 창천교회와 그 너머의 연세암병원, 그리고 신촌 일대를 둘러보기에 이만한 장소도 없으니까요.

'신촌'이라는 공간의 무게

신촌(新村)이라는 이름의 뜻은 유추하기 어렵지 않습니다. 말마따나 '새로운 마을'이지요. 순우리말로는 '새터 말'입니다. 신촌이라는 지명은 꽤 흔해요. 신촌과 비슷한 뜻의 새터, 새말, 새마을이 들어간 지명까지 합하면 무려 700여 개의 유사 지명이 있답니다. 하긴 새로 생긴 마을에 붙이는 이름이라면 방금 언급한 한자어와 순우리말 외에 마땅한 대안이 없기는 할 것입니다.

하지만 그중에서도 '신촌'이라고 하면 많은 사람들이 같은 장소를 떠올립니다. 오늘날 서울의 대표 상권으로 성장한 신촌은 전국구 인지도를 자랑합니다. 행정구역명으로 신촌동이 따로 있지만, 신촌동은 대부분 연세대 신촌캠퍼스가 차지하고 있습니다. 일반적으로 이야기하는 서울의 신촌은 물건을 사고파는 기능으로 연결된 상권이라 행정구역처럼 정확한 범위를 잡기 어렵습니다. 그럼에도 굳이 범위를 따져 본다면 신촌역에서 연세대 정문까지 이어지는 연세로와 이대역에서 이화여대 정문까지 이어지는 이화여대길 사이의 주변 공간을

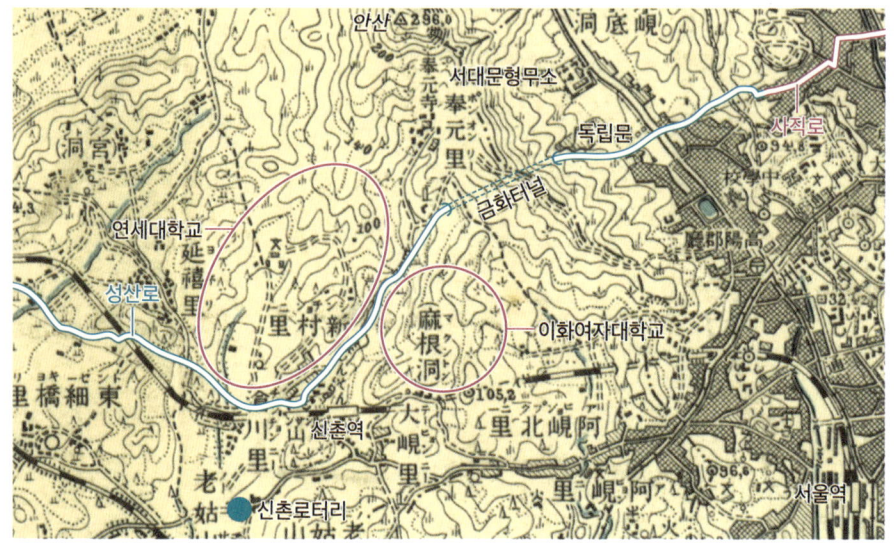

일제강점기 때는 새롭다는 뜻의 신(新)을 쓴 지명이 도드라진다. 오늘날 서울의 신촌 일대는 이미 경의선 신촌역이 지나고 있었다. 오늘날 경복궁에서 사직로를 따라 독립문까지, 다시 독립문에서 성산로를 따라 안산을 뚫은 금화터널을 지나면 연세대와 이화여대 캠퍼스가 길을 사이에 두고 마주한다. 편마암 구릉을 따라 놓은 두 대학의 캠퍼스는 지리적으로 큰 차이가 없는 공간의 맥락을 지닌다.

모두 '신촌'으로 볼 수 있겠지요. 신촌오거리를 중심으로 동심원을 그리는 가상의 공간을 떠올리면 신촌의 대략적인 범위를 가늠할 수 있을 겁니다.

신촌은 서울의 대표적인 부도심으로 서울 서북권의 교통과 상업의 중심지로 기능해 왔습니다. 신촌역이 연세대역이 되지 못한 까닭은 바로 여기에 있을 것입니다. 신촌의 이름값이 너무 무거웠던 것이지요. 지하철 역명은 건설 당시의 랜드마크 또는 유동 인구가 많은 공간의 지명을 활용하는 게 일반적입니다. 2호선 홍대입구역과 신촌역·이대역은 1984년에 개통되었는데, 그때만 하더라도 홍대나 이대 앞은 신촌에 견줄 수 없는 자그마한 동네였던 덕에 대학교 이름이 역명으로 붙었습니다. 반면 신촌역은 연세대라는 걸출한 랜드마크가 고작 600미터 떨어진 거리에 있었음에도, 신촌에 차곡차곡 쌓인 공간의 이력은 대체할 수 없었던 것입니다.

2009년에 개통한 경의선 신촌역에도 이름을 넣지 못한 사정이 비슷합니다. 경의선은 서울과 의주를 잇는다며 1920년 영업을 개시한 유서 깊은 철도역입니다. 연세대로서는 2호선 신촌역보다도 가까운 경의선 신촌역에 브랜드를 새기고 싶었겠지만, 100년 넘게 이어진 오래된 신촌역의 무게를 극복하기는 쉽지 않았을 것입니다. 그러고 보니 독수리다방 앞 창천교회도 창립 100주년을 훌쩍 넘긴 교회입니다. 신촌은 이름의 뜻과는 달리 오랜 시간의 무게를 간직한 공간인 것입니다.

연세대를 아우르는 백양로의 단상

경의선 철길이 지나는 굴다리를 통과하면 드디어 연세대 정문 앞에 도착합니다. 정문을 통과한 뒤 길게 이어진 길의 이름은 '백양로'입니다. 백양나무가 많았다고 하여 붙여진 이름이지요. 백양로를 따라 걸으면 언더우드관이 모습을 드러냅니다. 백양로를 따라 왼편으

백양목과 언더우드관

로는 공대 건물과 도서관이, 오른편으로는 백주년기념관과 학생회관이 공간의 대구(對句)를 이루고 있습니다. 우선 백양로가 어떤 공간인지 알고 마저 걸어 볼까요?

    백양로는 본래 연세대의 중심 교통로였습니다. 정문과 상징 건물인 언더우드관을 잇는 핵심 축이었지만, 재창조 프로젝트를 거쳐 2015년 지금의 모습으로 탈바꿈했지요. 지상에 차가 다니지 않는 대신 지하에도 길이 뚫려 있습니다. 이러한 지하화 발상은 신도시 대단지 아파트에서 꽤 오래전부터 시도해 온 공간 재창출 방식이기도 합니다. 연세대 또한 넓고 긴 백양로의 차도를 지하로 돌리고 그 위에 사람의 공간을 창출한 것이지요.

연세대 학생회관의 모습. 독특한 건축양식이 도드라진다.

다시 백양로를 걸어 봅시다. 사잇길로 들어서면 대기업과의 컬래버레이션으로 새롭게 지은 기하학적 외관의 건물들이 보는 맛을 더해 줍니다. 중앙도서관과 나중에 건립된 연세삼성학술정보관이 나란히 서서 신촌캠퍼스의 신구 도서관으로 시간의 조화를 이루고 있습니다. 도서관 맞은편의 학생회관은 외관이 매우 독특한데, 마치 고딕양식으로 지은 성당의 창문을 연속해 이어 붙인 느낌을 줍니다. 연세대학교의 학생회관은 프리캐스트콘크리트공법으로 지어진 우리나라 최초의 건물입니다. 프리캐스트콘크리트공법은 작은 거푸집에 콘크리트를 부어 굳혀서 사전 제작 한 다음 현장에서 조립하는 건축 방식을 말하지요.

한열동산에서 만난 이한열 열사 추모비

'연세 역사의 뜰(수경원)' 옆에는 한열동산이 있습니다. 이름이 특이하지요? '한열'은 故 이한열 열사의 이름에서 따온 것입니다. 1987년 6월 연세대 교정에서 이루어진 민주화 시위 중, 경영학과에 재학 중이던 이한열 열사는 최루탄에 목숨을 잃었습니다. 이한열 열사가 쓰러진 후 부축되는 장면이 외신을 타고 들불처럼 번져 나가 결국 철옹성 같던 군부 정권을 무너뜨리는 도화선이 되었습니다. 한열동산은 한 개인의 추모를 넘어 한국 민주주의를 큰 걸음으로 나아갈 수 있도록 한 민주화의 열정을 기념하자는 취지에서 교정에 조성된 뜻깊은 공간입니다. 이한열 열사의 죽음이 불러일으킨 이른바 6월 항쟁의 거대한 물줄기는 오늘날 한국 민주주의의 든든한 밑거름으로 기억되고 있습니다.

한열동산과 이한열추모비

언더우드 동상 앞에 마주한
연세의 뿌리 공간

　모든 캠퍼스에는 지리적으로 가장 중요하거나 상징성을 띠는 공간이 있습니다. 마치 캠퍼스의 '뿌리' 같다고 할까요? 그래서 저는 이러한 장소를 '뿌리 공간'이라고 일컬으려 합니다. 백양로를 지나면 드디어 연세대의 뿌리 공간이 나타납니다. 새하얀 백양목이 지키고 선 계단을 올라 보면, 고즈넉한 건물 세 동이 기하학적 모양으로 정돈된 유럽식 정원을 둘러싸고 있는 광경을 한눈에 담을 수 있습니다. 본관으로 불리는 언더우드관을 중심으로 스팀슨관·아펜젤러관이 마주보고 있는 형태입니다. 세 건물은 역사성을 인정받아 모두 사적으로 등재되었다고 하니, 이곳이야말로 부인할 수 없는 연세대의 뿌리 공간이라고 할 수 있겠네요.

　설립자 호러스 언더우드(Horace Underwood)의 이름을 딴 언더우드관은 연세대의 전신인 연희전문학교 시절인 1925년에 준공하였습니다. 1920년에 준공한 스팀슨관은 대학 설립 자금을 기부한 미국인 찰스 스팀슨(Charles Stimson)을 기념하여, 1924년에 준공한 아펜젤러관은 대한민국 최초의 감리교 선교사인 헨리 아펜젤러(Henry Appenzeller)를 기념하여 건립한 건축물입니다. 광장의 가운데 설립자 동상을 중심으로 방사상으로 난 좁은 길을 따라가면 세 건물의 정문과 광장의 진입로로 연결됩니다. 야트막한 뒷산의 푸르름과 옥빛 석조 건물의

스팀슨관 전면

단아한 조화가 공간이 품은 역사를 증언해 주는 것 같습니다.

건물의 석재도 한번 들여다볼까요? 창 테두리는 화강암을 다듬어 넣은 것 같은 반면, 벽면은 변성암처럼 보입니다. 한 건물에 두 가지 돌이 쓰인 거죠. 실제로 연세대의 뒤를 든든하게 받치는 안산(높이 296미터)의 기반암은 능선을 기준으로 전연 달라집니다. 연세대를 포근히 감싸는 공간은 시·원생대의 흑운모편암, 즉 어두운색을 띠는 변성암이고, 능선 너머는 밝은 톤의 중생대 화강암이라는 것입니다.

흑운모편암은 일정하게 다듬기 어려운 건축 자재입니다. 언더우드관의 벽면이 덜 다듬어진 느낌을 주는 이유이지요. 주변 돌이 온통 화강암이라서 크고 웅장한 건축미를 살린 고려대와는 확실히 느낌이 다릅니다. 풍수지리적으로 보면 화강암은 생태적으로 빈약한 골산(骨山, 돌산), 변성암은 생태적으로 안정된 육산(肉山, 흙산)이라고 합니다. 두 대학의 캠퍼스와 건물이 주는 기운 역시 그와 같은 땅의 성질을 반영하는 것 같습니다.

연세대의 뿌리 공간 뒤로는 6·25전쟁 이후 건립한 연희관, 유억겸기념관, 성암관이 늘어서 있는데, 모두 뿌리 공간과 비슷한 조형 원리를 보입니다. 한참 뒤인 1996년에 완공한 대우관 또한 비슷한 공간 조형 원리로 세워져 있지요. 연세의 뿌리 공간에서 층층 계단 형식으로 지대가 높아지면서 공간이 염주 알을 꿴 것처럼 이어지는 모양새입니다. 각 건물 외벽은 담쟁이덩굴이 빼곡하게 메우고 있습니다. 대우관 일대는 원래 연못이었다고 하니, 이 역시 물을 잘 머금는 흙산의 특징이라고 할 수 있겠습니다.

신촌캠퍼스의 가장 깊숙한 곳에서 세브란스병원까지

대우관을 지나 캠퍼스의 끝자락으로 나오면, 학생 몇몇이 지나다니는 좁은 길목이 눈에 들어올 겁니다. 그 안쪽 깊숙한 곳에 생활관으로 불리는 무악학사가 있거든요. 왕복 2차선의 좁은 길 사이로 난 인도는 남산 산책로처럼 포근하고 정겹습니다. 운동선수 기숙사와 연세유업 서울 사무소를 지나 북문을 통과하니, 붉은 벽돌과 하얀 화강석으로 마감한 학사동이 반겨 줍니다.

고려대의 안암학사가 지명에서 명칭을 가져왔다면, 연세대의 무악학사는 역사를 활용해 이름을 지었습니다. 연세대의 교가에도 등장하는 무악의 실제 한자음은 '모악(母岳)'입니다. 지명의 유래를 둘러싸곤 여러 설이 있는데요, 조선의 건국에 기여한 무학대사와 관련된 이름이라는 설이 가장 그럴듯해 보입니다. 태조 이성계의 뜻을 받은 무학대사가 새로운 도읍으로 낙점한 곳이 바로 이곳, 안산 자락이거든요.

여기까지 걷다 보니 절로 운동이 되는 듯한 기분이 듭니다. 실제로 연세대는 서울 소재 대학 가운데 서울대 다음으로 넓습니다. 그래도 여정이 얼마 남지 않았으니 걸음을 재촉해 볼까요? 총장공관이 있는 숲길을 지나면 새천년관에 다다르게 됩니다. 새천년관 일대는 SK국제학사, 언어연구교육원, 에비슨하우스 등 외국인의 교육과 거처를 책임지는 공간이에요. 다시 발길을 돌려 음악관을 지나면 학생회관 뒤로 루스채플이 나타납니다. 루스채플 건물은 시각적으로 무척 강렬한 인상을 풍깁니다. 하늘을 향해 넓게 트인 지붕은 기둥 없이 공중에 뜬 느낌을 자아내 매우 아름답습니다. 루스채플은 대학 교회의 건물로 기독교 관련 공부를 하는 공간이라고 합니다. 건물의 모양과 쓰임이 찰떡궁합이라는 생각이 들지 않나요?

　루스채플을 끼고 돌면 대형 건물들 사이로 한옥 양식의 건물이 눈에 들어옵니다. 정문에는 '연세 역사의 뜰'이라는 현판이 걸려 있습니다. 1885년 고종 대에 세운 최초의 서양식 병원인 광혜원(훗날 백성을 구한다는 뜻에서 제중원으로 개칭)을 복원한 건물입니다. 사실 이곳과 루스채플 자리는 영조의 후궁인 영빈 이씨의 원묘인 수경원(綏慶園)이었습니다. 1969년 묘를 경기 고양시 서오릉으로 옮기면서 봉분이 있던 곳에 루스채플을 세웠다고 하지요. 공간에 쌓인 시간의 이야기가 새삼 흥미롭게 다가오는 듯합니다.

세브란스병원과 연희전문학교

　백주년기념관을 거치면 드디어 세브란스병원 앞입니다. 세브란스병원은 조선 최초의 근대식 종합병원입니다. 미국 사업가 루이스 세브란스(Louis Severance)의 지원금으로 지어졌어요. 운영 주체가 같았던 연희전문학교와 세브란스병원은 우여곡절 끝에 통합의 길로 접어들었고, 이 과정에서 1957년 두 기관의 앞 글자를 딴 연세대가 정식 출범해 오늘에 이른 것이죠.

　연세암병원과 의과대학을 지나 세브란스병원까지, 좁은 공간에 빼곡하게 들어선 연세대학교의 의료 관련 건물들은 전국 각지에서 중증

세브란스병원 전경

환자가 몰려드는 의료 중심지의 명성을 실감케 합니다. 세브란스병원 옆으로는 치과대학과 간호대학 건물이 나란히 자리해 있지요.

끝으로 다시 한번 정문을 돌아봅시다. 처음엔 캠퍼스가 백양로를 중심으로 좌우 균형감 있게 펼쳐져 있는 것 같지만, 자세히 보면 캠퍼스의 무게중심은 서울의 주요 간선도로인 성산로를 끼고 웅장하게 밀집한 세브란스병원 쪽으로 치우쳐 있습니다. 상가 건물 외벽에 빈번하게 노출되어 있는 연세대의 교표는, 실은 세브란스병원에서 창출하는 브랜드 파워임을 실감했습니다. 역사에 가정은 없다지만, 신촌캠퍼스에 세브란스병원이 없었더라면 지금과 같은 무게감은 아니었을지도 모르겠습니다.

연세 역사의 뜰에서 더듬는 최초의 근대 병원

대한제국이 설립되기 전에는 동양의학을 기반으로 환자를 치료했습니다. 달인 약제와 침술이 주가 되는 동양의학은 오늘날 한의학으로 이어지죠. 한의학계는 동의보감을 집대성한 '의성 허준' 선생을 역사적인 명의로 추존합니다. 그렇다면 우리나라 역사에서 최초로 서양의학을 선보인 곳은 어디일까요? 바로 최초 근대 의료기관이라 평가받는 광혜원입니다.

광혜원의 설립은 미국인 선교사 호러스 뉴턴 알렌이 주도했습니다. '널리 은혜를 베푼다'는 뜻의 광혜원은 얼마 뒤 '대중을 구제한다'는 뜻의 제중원으로 이름을 바꾸었어요. 제중원은 서양 문물을 수용하여 조선의 한계를 극복하자는 갑신정변 이후, 1885년에 드디어 고종이 서양식 병원 설립에 동의하면서 출발을 알렸습니다.

제중원이 성공적으로 운영되자, 의학 교육도 추진되었습니다. 마침내 1886년에는 제중원에 부속된 의학과가 설립되었고, 1908년에는 첫 졸업생을 배출했습니다. 고종은 일곱명의 졸업생에게 의술 개원 허가증을 발급하여 병원을 만들어 환자를 치료할 수 있도록 길을 터 주었습니다. 제중원이 자금난으로 허덕일 때 막대한 돈을 기부해 병원 설립에 도움을 준 루이스 세브란스의 도움은 연세대의 교명과 병원에 남아 오늘에 이릅니다.

유학생 거리를 지나 '평화의전당'까지
경희대학교

경희대학교라는 교명, 참 예쁘지 않나요? 조선시대의 궁궐인 경희궁에서 가져온 이름입니다. 더욱 흥미로운 사실은, 경희대의 전신이 독립군을 양성하는 기관이었던 신흥무관학교라는 점입니다. 신흥무관학교의 역사와 전통을 고스란히 계승한 신흥전문학원과 신흥초급대학을 거쳐 4년제 종합대학인 신흥대학교가 탄생했고, 1955년 지금의 서울 동대문구 회기동 캠퍼스로 이전한 뒤 1960년에 교명을 경희대로 바꾼 것이지요.

교명을 결정한 배경은 당연히 경희궁의 역사에서 비롯합니다. 경희궁은 조선 후기 왕조의 르네상스를 이룬 영조·정조 때 정궁(왕이 거처하고 정사를 보던 궁궐)이었습니다. 두 번의 큰 외란을 겪으면서 폐허가 된 조선은 영조·정조의 치세를 거치면서 재기에 성공합니다. 이와 마찬가지로 6·25전쟁 이후에 폐허가 된 대한민국이 다시 일어서리라는 염원을 담아 학교 이름을 '경희'로 지은 것이지요. 사실 '새롭게 흥하자'는 '신흥'은 무관학교 말고도 상점이나 기관에서 쓸 법한 흔한 이름입니다. 그보다는 기뻐할 일을 많이 만들자는 '경희(慶熙)'가 더 매력적으로 다가오지 않나요?

한편 경희대는 1983년 세계 최초로 태권도학과를 신설한 학교이기도 합니다. 그러고 보면 주택가에서 자주 볼 수 있는 '경희대 태권도' 간판은 무관학교의 뿌리를 지닌 대학의 정체성과 관련이 깊은 셈입니다. 그럼 이제 경희대로 떠나 볼까요? 수도권 지하철 1호선과 경의중앙선의 환승역인 회기역에서 출발하겠습니다.

회기역 일대에서 만난 흥미로운 공간 이야기

회기역의 출구는 단 두 개뿐입니다. 출구가 단 하나뿐인 지하철역(수도권 지하철 6호선 독바위역)도 있기는 하지만, 환승역인 회기역의 출구가 두 개라는 점은 뜻밖입니다. 회기역 1번 출구는 1호선, 2번 출구는 경의중앙선에서 가까운 구조로 되어 있습니다. 플랫폼의 절반은 1호선이, 나머지 절반은 경의중앙선이 사이 좋게 나눠 쓰고 있는 셈이지

회기역은 1호선과 경의중앙선이 나란히 달리다 나뉘는 분기점 역할을 한다. 회기역 주변의 경희대 상권은 신촌이나 홍대처럼 화려하진 않지만, 중국인 유학생과 일대의 주민이 자주 찾는 명소와 맛집이 많다. 경희대는 물론 인근 한국외대와 서울시립대 학생들 모두 회기역 상권에서 대학 생활의 낭만을 꽃피운다.

요. 서로 다른 노선이 나란히 놓인 구조라 환승하려면 반대편 승강장으로 곧장 건너가면 됩니다. 지도를 넓혀 살펴보면, 청량리역에서 잠깐 만난 두 노선은 바로 다음 역인 회기역을 지나 다시 각자의 목적지로 헤어지는 모양새입니다.

경희대로 가려면 회기역 1번 출구로 나와야 합니다. 익숙한 프랜차이즈 상점과 포장마차를 지나 왕복 2차선의 좁은 도로를 따라가면 금세 회기역 앞 교차로와 마주치게 됩니다. 각각의 길은 고려대, 경희의료원, 한국외대로 이어집니다. 경희대는 고려대와 한국외대 사이쯤

회기역은 파전골목이 유명하다. 골목 끝 굴다리를 지나면 서울시립대 후문 방향으로도 이어진다.

에 위치해 있습니다. 경희대 곁에는 캠퍼스 규모가 작은 카이스트 서울캠퍼스도 있지요. 길을 건너 곧장 경희대 삼거리 방향으로 걸어 봅시다.

경희대로 가는 길목에서 가장 눈에 띄는 장소는 회기시장입니다. 과일 가게, 기름집, 떡집 등 시장으로서의 기본 요소를 갖추고는 있지만, 시장이라기보다는 소규모 창업 자본으로 일군 카페나 요식업 위주의 상점이 더 많아 보입니다. 실제로 회기시장은 시장으로서의 명패는 달았지만, 매출이 넉넉하지 않아 적은 임대료의 바람을 타고 들어온 창업 자본이 많은 공간입니다. 근처 휘경동의 전통시장이 재개발에 들어가면서 새롭게 찾은 공간이 바로 회기시장이거든요. 실은 이마저도 회기역 앞에 식자재 마트, 대형 슈퍼마켓, 다이소, 올리브영 등이 자리를 잡으면서 시장의 기능이 크게 쇠락했다고 합니다. 최근에는 경희대 학생뿐 아니라 외국인 관광객이 늘면서 임대료가 나날이 올라가는 상황이라고 하니, 회기역 상권 또한 젠트리피케이션을 피할 수는 없나 봅니다.

경희대 삼거리에서 마주친 뜻밖의 경관

다시 발길을 돌려 경희대 삼거리 방향으로 나아가 볼까요? 삼거리에 다다르면 가장 먼저 스타벅스 경희대삼거리점과 버거킹 경희대점이 눈에 띕니다. 두 매장이 있다는 것은 일정 수준의 유동인구가 확보된 지역이라는 방증이지요. 신촌이나 건대 상권만큼 번화하지는 않았지만, 인근에 여러 대학들이 위치한 만큼 일반적인 동네 상권보다는 훨씬 규모가 큰 공간입니다. 4층 건물을 통째로 차지하고 있는 스타벅스 경희대삼거리점을 끼고 골목 안으로 들어가면, 좁은 골목 사이로 2층까지 들어선 다양한 간판들이 층 머리를 빼곡하게 메우고 있는 것을 볼 수 있습니다. 양꼬치 가게, 술집, 탕후루 가게 등 최근 인기가 많은 음식점이 즐비하지요.

걷다 보니 눈길을 끄는 요소가 하나 있지 않나요? 여러분도 금방

경희대 상권에서는 중국어 간판을 찾아보기 쉽다.

눈치챌 수 있겠지만, 이곳에는 중국어 간판이 두드러지게 많습니다. 어떻게 된 영문일까요? 중국어 간판이 많다는 점은 물론 이곳을 찾는 중국인이 많다는 의미입니다. 회기역 상권을 찾는 중국인들은 중국인 여행객, 즉 '요우커(游客)'보다는 이곳에 살고 있는 중국인 유학생들이 대부분이지요.

이제야 앞서 지나친 양꼬치·마라탕·탕후루 상점들과 중국어 간판이 하나의 줄기로 엮이는 느낌이 들지요? 경희대는 최근 급증하는 중국인 유학생의 성지입니다. 중국인 유학생은 서울의 주요 대학가에서 나날이 늘어나고 있는데, 그중에서도 경희대는 서울 소재 대학 가운데 중국인 유학생이 많은 것으로 유명하며 그 수는 2024년 기준으로 약 5,000명에 이른다고 하네요. 게다가 벚꽃 명소로 유명한 경희대 서울캠퍼스를 찾는 요우커들의 숫자를 고려하면, 그 규모는 더욱 늘어날 것입니다. 이 정도의 인구 규모라면 중국인 유학생을 겨냥한 상권이 충분히 만들어질 법도 하지요?

외국인 유학생에 관한 단상

혹시 '빨간 차 이론'을 들어 본 적 있나요? 빨간색 자동차를 보는 경험은 일상에서 흔치 않습니다. 하지만 빨간색 자동차를 일단 의식하게 되면, 평소엔 무의식적으로 지나치던 빨간색 자동차가 유독 눈에 자주 띄게 된다는 겁니다. 만약 경희대 상권에 집중된 중국어 간판을 발견하지 못했더라면, 저 또한 중국인 유학생들의 존재에 주의를 기울이지 못했겠지요. 하지만 일단 인식하게 되면, 다른 대학에서도 유학생들의 흔적을 알아보기 쉽습니다. 실제로 고려대나 성균관대에서도 골목 사이사이로 중국어 간판을 찾아볼 수 있습니다. 실제 통계에 따르면, 이들 대학의 중국인 유학생 수는 국내 대학 가운데 다섯 손가락 안에 들 정도로 많다고 합니다.

저출산이 심화하는 오늘날, 갈수록 줄어드는 수험생 숫자는 대학으로선 크나큰 문제입니다. 재정의 큰 축을 담당하는 등록금은 대학의 주요 수입원이니까요. 아울러 인구 대국 중국에서 치열한 자국의

경희대 석조 정문인 등용문

입시 경쟁을 피하려는 학생들이 북미와 유럽의 다음 선택지로 우리나라의 수도권 대학을 염두에 둔다는 점도 중국인 유학생 수가 늘어나는 주된 요인 가운데 하나입니다. 중국인 유학생이 서울 소재 주요 대학의 재정을 든든하게 받치는 또 다른 수입원인 셈이지요. 게다가 외국인 유학생은 정원 외 선발 인원인 까닭에 등록금 인상 관련 규제도 적용되지 않습니다. 대학들로서는 외국인 유학생을 많이 받고 싶을 수밖에요.

이제 다시 발걸음을 경희대 정문 쪽으로 옮겨 보도록 하겠습니다. '경희'라는 이름이 즐비한 약국 거리를 지나면 드디어 정문과 경희의료원이 시야에 들어옵니다.

아름답기로 소문난 경희대 캠퍼스

　석재로 깔끔하게 마무리한 경희대 정문은 작지만 고풍스러운 느낌을 줍니다. 1955년 종합대학 승격을 기념해 지은 것으로, 원래 이름은 등용문이라고 합니다. 정문을 통과해 주변을 돌아보면 경희의료원, 후마니타스암병원, 경희대학교치과병원이 정문을 감싸는 모양새입니다. 청운관과 네오르네상스관 사이로 조금 더 올라가 보면 오른편으로 한눈에 봐도 신축으로 보이는 건물이 보이는데요, 간호과학대학과 이과대학 그리고 한의과대학 건물인 스페이스21타워입니다. 시야가 열린 대운동장 근처 벤치에 앉아 경희대 캠퍼스에 관한 몇 가지 흥미로운 줄기를 정리해 보겠습니다.

　먼저 '경희의료원'이라는 표현이 신선하게 다가옵니다. 세브란스병원, 고려대학교안암병원, 한양대학교병원 등과 달리 경희대는 의료원이라고 부릅니다. 의대·치대·한의대를 아우르는 의료 클러스터(특정 산업의 기업들이 지리적으로 밀집되어 상호작용 하는 지역)라는 개념으로 의료원이라는 표현을 쓰는 것이죠. 그러고 보면 경희대 한의과대학의 전신은 해방 이후 최초의 한의학 교육기관인 동양의과대학이기도 합니다. 경희대 한의과대학은 한방 최고의 브랜드 학과로 '경희 한방'의 위상은 전국구라 해도 과언이 아닙니다.

　한편 '네오르네상스'와 '후마니타스'라는 명칭은 인문학적 감성을 십분 자극하는 이름입니다. 네오르네상스는 신(新)르네상스라는 뜻이며 19세기 영국과 미국에서 유행한 건축 사조로, 15세기 중세 르네상스 건축양식의 부흥을 뜻합니다. 경희대의 건학 이념이기도 한 네오르네상스는 '정신적으로 아름답고 물질적으로 풍요하며 인간적으로 보람 있는 지구 협력 사회를 이루는 것'을 목표로 하지요. 경희대의 수시 모집 대표 전형의 이름이 '네오르네상스전형'(학생부종합전형)인 것도 같은 이유겠죠?

열주 회랑과 조경석에서 만난 공간의 뿌리

네오르네상스라는 이름만 빌려 온 것은 아닙니다. 르네상스 건축양식은 경희대의 캠퍼스 건물에 접목되어 있으니까요. 아까 지나친 스페이스21타워를 조금 더 세밀하게 살펴봅시다. 멀리서 봤을 땐 직육면체로 반듯하게 지은 근대건축의 전형처럼 보이지만, 자세히 보면 창문 사이마다 기둥 형식으로 외벽을 마감하고 아름다운 장식을 새겨 넣은 모습이 보일 거예요. 건물을 한 바퀴 돌아 출입구 쪽으로 가면 흰 빛깔의 거대한 열주(줄지어 늘어선 기둥) 회랑이 두 건물의 전면부를 장식하고 있습니다. 네, 이것이 바로 르네상스 건축양식이죠!

열주 회랑 바로 앞에는 커다란 노천극장이 자리 잡고 있습니다. 노천극장 옆에는 실내 공연장으로 쓰이는 왕관 모양의 크라운관이

스페이스21타워 전경

이색적인 분위기를 연출하고 있고요. 크라운관 바로 앞에는 돌무더기 조경이 한껏 분위기를 살려 줍니다. 가까이 가서 보니 화강암이네요. 일대의 지질도를 살펴보면 경희대 뒤편 천장산의 기반암이 역시 화강암임을 알 수 있습니다. 주변을 한번 둘러보세요. 겉으로 드러난 화강암 암반이 산세를 유려하게 만들어 주거든요. 우리가 방금 본 돌무더기는 캠퍼스를 조성할 때 조경석으로 쓰임이 있는 화강암 암반을 차곡차곡 쌓은 결과물일 것입니다.

숲속 네오르네상스 건축의 향연

크라운관을 지나 경영대학과 정경대학, 문과대학을 거쳐 오면 법과대학입니다. 건축 외벽과 계단 등 곳곳에 쓰인 화강암 석재의 쓸모를 생각하다 보니 어느덧 사자상 앞에 도착했습니다. 경희대의 상징 동물은 한양대와 마찬가지로 사자입니다. 한양대의 사자가 공격 태세를 갖추고 포효하는 느낌이라면, 경희대의 사자상은 자애로운 모습으로 주변을 어슬렁거리는 듯한 인상을 줍니다. 한양대도 경희대와 마찬가지로 화강암을 기반암으로 하는 공간인데요, 한양대의 사자상이 더 용맹하게 표현된 데는 넓은 들에 우뚝 솟은 한양대 지형의 특징을 반영한 것이 아닌가 싶기도 합니다. 아, 두 대학의 사자상 모두 역시나 화강암을 깎아 만들었다고 합니다.

오래된 숲길을 걷듯 천천히 오르막길을 오르다 보면, 드디어 경희대의 랜드마크인 평화의전당에 다다르게 됩니다. 마치 유럽에 온 것 같은 기분이 들지 않나요? 고딕 양식의 아름다운 건축물은 그 자체로 사람을 끌어당기는 강력한 힘을 내뿜습니다. 평화의전당 돌계단에 앉아 잠시 건물의 이력을 들추어 보겠습니다. 평화의전당은 벨기에 브뤼셀에 있는 생미셸성당의 앞모습을 본떠 지었습니다. 엄숙한 성당의 느낌이 물씬 풍기는 외관과는 달리 평화의전당은 우리나라에서 손꼽는 대형 공연장입니다.

아름다운 평화의전당을 따라 내려오는 길의 왼편으로는 중앙도

경희대의 랜드마크, 평화의전당

대학가 이모저모

경희대학교 교정을 거닐다 보면 숲 사이로 높이 고개를 내민 평화의전당을 쉽게 찾아볼 수 있습니다. 평화의전당 앞에 서면 아름다운 건축미에 한 번 놀라고, 크기에 두 번 놀랍니다. 유럽의 중세 고딕 양식으로 지어진 웅장하고도 아름다운 건물이 바로 평화의전당입니다.

평화의전당은 1978년에 착공하여 경희대학교 개교 50주년인 1999년에 완공되었습니다. 아무리 공을 들였더라도 무려 21년 동안 공사를 진행했다니, 얼핏 납득이 되지 않습니다. 공사 기간이 이처럼 지지부진하게 늘어진 까닭은 멀지 않은 곳에 옛 안기부 대공분실과 군부대가 있어서였어요. 보안 문제로 인해 공사가 무기한 중단되는 등의 우여곡절을 겪었던 거지요.

평화의전당은 '문화 세계의 창조'라는 경희대의 슬로건을 대변하는 건물로 손색이 없습니다. 약 4,500석에 이르는 대형 문화 공간이기도 하지요. 지리 전공자로서 가장 눈에 띄는 건 건물의 외벽을 장식한 다채로운 모양의 화강암 석재입니다. 평화의전당은 마찬가지로 화강암 석조 건물인 본관 및 중앙도서관과 조화롭게 어우러져 아름다운 경희 캠퍼스의 근간을 이룹니다.

서관이 보입니다. 이번에도 역시 화강암 석재로 마감한 외관과 돔형 열람실이 한껏 아름다움을 뽐내고 있네요. 고려대 캠퍼스와도 건축 양식이 비슷하다는 느낌입니다. 중앙도서관을 나오면 본관이 모습을

평화의전당 전경

평화의전당 스테인드글라스 평화의전당에 새겨진 부조

본당 전경

드러내는데, 왠지 덕수궁 석조전이 머릿속에 떠오르기도 합니다. 화강암 석재로 중무장한 본관은 열주가 든든하게 받치는 화려한 석조 양식의 진수이지요. 아름다운 건물의 비례와 대칭이 깊은 인상을 줍니다.

    1956년 완공한 본관을 정원에서 정면으로 바라보는 광경은 정말이지 장관입니다. 우측으로 고개를 내민 평화의전당과 절묘한 조화를 이루고 있지요? 본관 앞 계단에서 사진을 찍으면 각도에 따라 그리스 여행을 온 것 같기도 합니다. 지붕과 벽면 곳곳을 수놓은 아름다운 부조가 건축미를 배가해 줍니다. 네오르네상스라는 경희대의 슬로건이 피부로 느껴지는 것 같지 않나요?

본관을 나와 교시탑을 끼고 돌면 가장 깊숙한 곳에 미술대학이 위치해 있습니다. 숲 사이로 왼편으로는 호텔관광대학이, 오른편으로는 국제교육원과 생활과학대학이 자리 잡고 있지요. 곳곳에 쓰인 화강암 조경석을 구경하면서 울창한 숲길을 거슬러 오르면 그야말로 숲 산책의 기분을 제대로 낼 수 있습니다.

미술대학 테라스에 올라서면 우거진 숲 사이로 지나온 여러 건물의 머리가 보입니다. 경희대는 건물 간의 거리가 멀어요. 숲의 아름다움을 최대한 활용하려는 듯, 넓은 부지에 듬성듬성 아름다운 건물을 배치해 두었죠. 경희대는 특히 벚꽃이 만개하는 봄의 풍경이 아름다운 것으로 유명하니, 봄에 꼭 가 보시기를 바랍니다. 새하얀 화강암 건물과 분홍빛 벚꽃 그리고 녹음이 조화를 이룬 한 폭의 그림과도 같은 풍경이 여러분을 반겨 줄 거예요.

트로이카 역동전을 아시나요?
경희대-외대-시립대 열전!

수도권 지하철 1호선의 노선도를 펼쳐 청량리역을 찾아봅시다. 청량리역은 1911년 경원선, 그러니까 서울과 원산을 잇는 철도역으로 영업을 시작했어요. 서울에서 대학 시절을 보낸 사람들에게 청량리역은 설레는 추억의 장소일 겁니다. 경춘선을 따라 이어지는 MT 장소에 가기 위해 모이는 만남의 기차역이거든요. 청량리 시계탑에 모인 수많은 청춘들이 그린 캠퍼스 생활은 낭만이 가득한 'MT의 추억'으로 남았을 테지요. 당시의 추억을 더듬어 보고 싶다면 청량리에서 멀지 않은 태릉의 서울생활사박물관에 가 보는 것도 좋습니다.

청량리역은 오늘날 1호선, 수인분당선, 경의중앙선이 지나는 트리플 역세권입니다. 청량리역 플랫폼에 서면 사통팔달로 종횡무진하는 여러 노선을 골라 탈 수 있는데요, 서울과 춘천을 빠르게 잇는 ITX, 서울과 강릉을 잇는 KTX 등의 철도도 만날 수 있지요. 청량리역에서 출발하는 ITX 열차 이름은 재미있게도 '청춘'인데요, '청'량리와 '춘'천의 앞 글자를 따온 것이기도 하고, 대학생들의 청춘을 기념하는 의미이기도 합니다.

서울교통공사 전동차를 타고 청량리역에 들어서면 '서울시립대입구'라는 추가 안내 방송을 들을 수 있습니다. 두 가지 이름을 함께 표기하는 병기 역명에 서울시립대가 들어간 건 청량리역 3번 출구에서 도보로 10분 거리에 있기 때문이에요. 그런데 사실 회기역에서 내리더라도 서울시립대까지의 거리는 비슷합니다. 다만 청량리역에서 가는 길은 큰길로 이어져 정문으로 통하고, 회기역에서 가는 길은 복잡한 골목들을 지나 후문으로 통한다는 점을 유념해야 합니다. 서울시립대의 후문 골목에서는 길을 잃기 십상이니까요.

청량리역처럼 회기역 또한 한때 '경희대 앞'이라는 병기 역명을 가지고 있었습니다. 시선을 조금 더 위로 올리면 한국외국어대학교와 가까운 외대앞역이 있고요. 서울시립대, 경희대, 한국외대가 순서대로 이어지는 것이죠. 이들 대학은 이른바 '동대문구 트로이카 대학'이라고 불립니다. 그래서일까요? 2019년부터는 세 대학이 모여 함께 축제를 즐기기로 했습니다. 이름하여 '트로이카-역동전'입니다.

트로이카 역동전은 세 대학에서 수백 명이 모여 벌이는 축제 겸 시합입니다. 축구, 농구와 같은 전통 스포츠는 물론, 리그 오브 레전드 등의 e스포츠로도 합을 겨루죠. 꾸준히 대회를 이어 가는 역동전은 아마추어 학생의 열전이라는 점에서, 엘리트 체육 선수 중심으로 펼쳐지는 연세대와 고려대의 라이벌전과는 성격이 다릅니다. 동대문구는 역동전을 재정적으로 든든하게 후원하고 있는데요, 이는 역동전의 안정적인 성공이 동대문구의 성장과 톱니바퀴처럼 맞물려 있기 때문입니다.

회기역 중심의 대학 열전을 보자니, 신촌역 중심의 연세대, 이화여대, 서강대, 홍익대가 떠오릅니다. 네 대학은 신촌이라는 상권을 중심으로 오랜 시간 공간의 역사를 만들어 왔습니다. 두 지역을 견주어 보면 지리적으로 흥미로운 분석이 가능합니다. 회기역 트로이카 대학이 모두 화강암 지역에 있고, 신촌 상권 대학은 모두 변성암 지역에 있거든요. 상대적으로 변성암 지역은 구릉이 연속적으로 이어지는 지표 경관을 연출하여, 신촌 일대가 회기역 일대보다 느낌이 평안하고 너른 공간이 많습니다. 나아가 회기역 상권이 대학을 중심으로 적정한 임대료와 꾸준한 유동 인구로 비교적 안정적이라면, 신촌 상권에는 홍대 상권으로 이어지는 젠트리피케이션의 깊은 그림자가 드리워져 있기도 합니다. 촘촘하고 특색을 갖춘 골목길이 살아 있는 대학 상권 특유의 멋을 회기역 상권에서 만나 볼 수 있는 까닭입니다.

국립대학은 이름처럼 국가에서 설립하고 운영하는 대학교입니다. 우리 역사에서는 고구려의 태학이 최초의 국립대학으로 여겨지고 있습니다. 고구려의 소수림왕은 중국에서 불교를 들여오는가 하면, 당시 수도였던 국내성에 태학을 설립함으로써 나라의 부흥을 이끌었습니다. 삼국 통일의 과업을 이룬 신라 또한 국학이라는 일종의 국립대학을 운영했고, 이것이 고려 때 국자감과 성균관으로 거듭났습니다. 조선시대 태조 이성계가 계승한 성균관은 지금까지도 그 명맥을 이어 가고 있고요.

그렇다면 해방 후 최초의 국립대학은 어디일까요? 많은 사람들이 서울대학교를 머릿속에 떠올렸겠지만, 정답은 바로 1946년에 설립된 부산대학교입니다. 부산대학교는 암울했던 일제강점기를 벗어난 직후에 설립되었지요. 당시는 이제 막 민족 본연의 교육 이념을 구현할 대학 설립에 박차를 가하던 시기였습니다. 부산대학교는 오늘날 경상남도를 대표하는 국립대학으로 의예과, 치의예과, 한의예과, 약학과의 의료 계열과 법학전문대학원을 모두 보유한 명실상부 최고의 국립대학 중 하나로 평가받습니다.

서울대학교도 부산대학교와 마찬가지로 1946년에 설립된 국립대학이지만, 5월에 문을 연 부산대보다 다섯 달 늦게 개교했습니다. 서울대학교의 현재 정식 교명은 '국립 서울대학교'가 아닌 '국립대학법인 서울대학교'입니다. 무슨 차이냐고요? 간단히 이야기하면, 일반적으로 교육부 산하 기관으로 여겨지는 국립대학과 달리 서울대학교는 별도의 법인에 의해 운영되는 기관이라는 뜻입니다. 국내 최고 학부라는 상징성을 갖는 서울대학교의 자율성을 높이기 위한 취지로 제도를 개정한 것이지요. 그래서 서울대는 여느 사립대학처럼 총장은 물론 이사장이 따로 있습니다.

 그래도 여전히 국립대학으로 분류되는 서울대와는 달리, 국가에서 설립하긴 했지만 사립대학으로 분류되는 학교도 있습니다. 대표적인 곳은 충청남도 천안에 있는 한국기술교육대학교입니다. 한국기술교육대학교는 고용노동부 산하 준정부기관인 한국산업인력공단이 운영하고 있습니다. 비슷한 꼴을 갖춘 곳으로는 전국 각지에 무려 34개의 캠퍼스로 나뉘어 설립된 한국폴리텍대학교도 있어요. 두 대학은 모두 고용노동부가 기술교육대학 및 기능대학으로 특화하여 만든 대학교라는 공통점이 있습니다.

 한편 공립대학교는 국가보다 한 단계 낮은 광역자치단체, 그러니까 특별시나 도(道) 등에서 설립합니다. 대표적인 곳은 서울시립대학교입니다. 서울시립대는 일제강점기에 설립된 경성공립농업학교를 전신으로 하여 100년이 넘는 역사를 자랑하죠. 우리나라에 있는 공립대학 중 유일한 종합대학이라는 타이틀도 가지고 있습니다. 시립대학이나 도립대학은 시장, 도지사 같은 지방자치단체장이 운영위원장을 맡아 책임지고 운영하는 기관이기도 합니다. 이처럼 대학은 설립 취지와 목적에 맞게끔 학문 탐구와 사회 공헌이라는 두 마리 토끼를 잡아야 하는 사명을 지니고 있답니다.

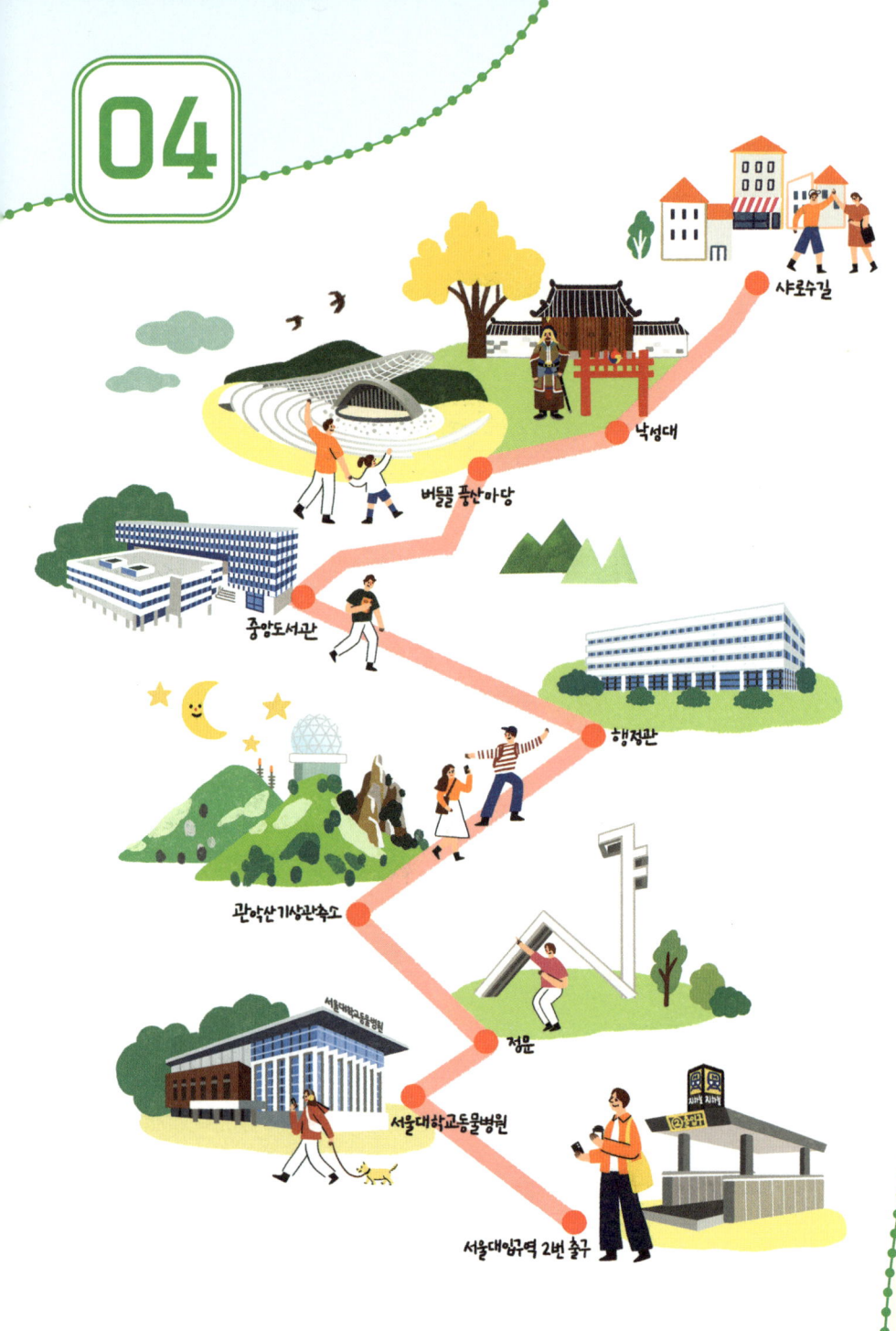

고개를 들어 관악을 보라!
서울대학교

전국 각 지역마다 지역의 이름을 본뜬 대학이 있기 마련이지만, 수도 서울에 있는 서울대의 존재감은 아무래도 특별합니다. 서울대는 2022년 개통한 서울 경전철 신림선의 관악산(서울대)역과 매우 가까워요. 하지만 유동 인구로 보면 1983년 개통한 수도권 지하철 2호선 서울대입구역이 비교할 수 없을 정도로 더 붐빕니다.

역명은 '서울대입구'이지만, 막상 서울대입구역은 서울대에 가기 위한 1단계 관문에 불과합니다. 그도 그럴 것이 서울대입구역에서 정문까지의 거리는 약 2킬로미터나 되거든요. 스마트 지도의 힘을 빌려 걸음

수를 세어 보니 대략 2,800걸음이라고 하네요. 역에서 나오면 바로 학교가 있는 한양대학교나 고려대학교에 견주어 보면 상당한 거리입니다. 그나마 캠퍼스 안까지 버스가 다닌다는 점이 학생들에게는 다행이지요.

서울대 캠퍼스의 면적은 130만여 평(약 430만 제곱미터)으로 전국 대학 가운데 가장 넓습니다. 아무래도 '뚜벅이' 여행자에게는 커다란 걸림돌이 아닐 수 없습니다. 본격적으로 여행하기 전에 마음의 준비를 단단히 해야겠어요. 여러분도 운동화 끈을 조여 매고, 간식과 음료를 든든히 챙기길 바랍니다. 이번 캠퍼스 투어는 서울대입구역에서 시작하겠습니다.

언덕을 거슬러 서울대 가는 길

서울대입구역의 네 모퉁이에는 대형 상가 빌딩이 바라보는 사람을 위압할 정도로 높게 솟아 있습니다. 빌딩 숲에서 벗어나 서울대 정문을 향해 걸으니 완만한 오르막길이 이어지네요. 길가에는 신축·구축 상가 건물이 섞여 있어요. 키가 큰 건물은 대체로 신축, 키가 작은 건물은 대체로 구축입니다. 신축 상가 건물은 대부분 사무실과 주거 공간을 함께 세놓은 주상복합건물입니다. 아무래도 저층 건물로는 충분한 임대 수익을 거둘 수 없기 때문인 듯합니다. 좀 더 가다 보니 유리로 외벽을 장식한 관악구청사가 보이네요. 서울대입구역의 병기 역명인 관악구청은 지은 지 오래되지 않은 건물답게 주변의 신축 건물들에 견줘도 손색없을 정도로 멋진 모습입니다.

관악구청을 지나면 경사가 가팔라집니다. 오른쪽으로는 아파트 단지가 이어지고, 왼편으로는 다세대주택이 줄을 잇고 있지요. 마침 옆으로 지나쳐 가는 리무진 버스가 보이시나요? 수도권 지하철 1호선 정차역이자 KTX 정차역인 광명역과 2·4호선 사당역을 오가는 이 버스는 강남순환로를 가로지릅니다. 2016년 개통한 강남순환로는 경기 광명시에서 서울 강남을 잇는 도로인데, 저도 자주 이용하고 있습니다. 관악IC를 통해 강남순환로를 빠져나오면 바로 서울대 정문 앞으로 이어집니다. 관악소방서와 문영여고를 지나면 시가지는 사라지고 도로와 언덕만 이어집니다. 심심한 언덕을 넘으니 바로 앞에 암반이 노출된 높은 산이 보이고, 그제서야 내리막으로 이어진 길 사이로 서울대 건물 몇 동이 시야에 들어오기 시작합니다.

내리막길에서 처음 만난 건물은 치과병원과 동물병원입니다. 둘 중에서도 유독 동물병원이 눈길을 끕니다. 일반적인 대형 병원 뺨치는 규모의 커다란 동물병원이거든요. 서울대학교동물병원은 1954년 수의과대학 부속가축병원으로 출발한 뒤 서울시와 협력해 개원한 부속소동물병원을 거쳐 지금의 동물병원으로 증축되어 오늘에 이르렀습니다. 잠시 스마트폰을 들고 홈페이지를 둘러보니 규모만큼 다양한 진료 과목에 한 번 더 놀라게 됩니다. 나날이 대형화하는 동물병원의 성장세를 보니, 반려동물 시장의 성장 또한 실감하게 됩니다.

서울대입구역 2번 출구 앞은 서울대로 가는 버스를 기다리는 사람이 제법 많다. 이는 서울대와 서울대입구역 간 거리가 멀어서 나타나는 흥미로운 풍경이다.

정문 '샤'에서 생각한 공간의 뿌리

큰길로 나와 다시 정문으로 가 봅시다. 원통형의 아름다운 포스코스포츠센터를 지나니 이내 정문이 모습을 드러냅니다. 정문 앞 로터리를 분주히 오가는 차량 사이로 새롭게 단장한 정문 광장과 서울대의 상징, '샤' 정문이 눈에 들어옵니다. 서울대는 2022년 정문 환경 개선 사업을 실시하여 광장과 도로를 정비했는데, 흥미롭게도 이는 앞서 살펴본 강남순환로와 맞물려 있습니다. 도로 개통 이후 나날이 늘어나는 교통량으로 보행자의 공간이 줄어들었고, 이에 대한 문제의식에서 공사에 착수하게 된 것이지요. 차도를 메워 인도로 탈바꿈된 공간은 보행자에게 더욱 친화적으로 바뀌었습니다. '샤' 정문 뒤 바닥에는 서울대의 휘장이 큼지막하게 수놓여 있어, 학교를 방문하는 수험생에게 충분한 동기부여가 되어 줄 듯합니다.

정문 주변을 둘러보면 곳곳에 암반이 드러난 멋진 산세를 볼 수 있습니다. 여기서 잠깐 서울대 캠퍼스를 둘러싼 주변 산지에 관해 정리하고 넘어가는 게 좋겠습니다. 저 멀리 가장 높이 솟은 산은 해발 632미터의 관악산(冠岳山)입니다. 관악산은 산의 모양이 마치 삿갓(冠)처럼 생겼다는 데서 유래한 이름입니다. 그렇다면 악(岳)은 무슨 뜻일까요? 산 중에서도 이름난 명산을 '악'이라 하고, 시대와 지역마다 너다섯 개를 묶어 사악 또는 오악이라고 부릅니다. 오악에 해당하는 산은 대개 암반이 겉으로 드러나 있어 봉우리가 아름답습니다. 관악산은 바로 경기도가 선정한 오악 중 하나로, 그만큼 뛰어난 절경을 자랑하는 산이에요(관악산은 개성 송악산, 가평 화악산, 파주 감악산, 포천 운악산과 함께 경기 오악에 속합니다). 어째서 관악산이 서울이 아니라 경기도가 선정한 오악에 포함되었는지 궁금하다고요? 지도를 펼쳐 보면 단박에 알 수 있습니다. 관악산의 능선은 서울과 경기 과천시, 안양시까지 넓게 뻗어 있거든요.

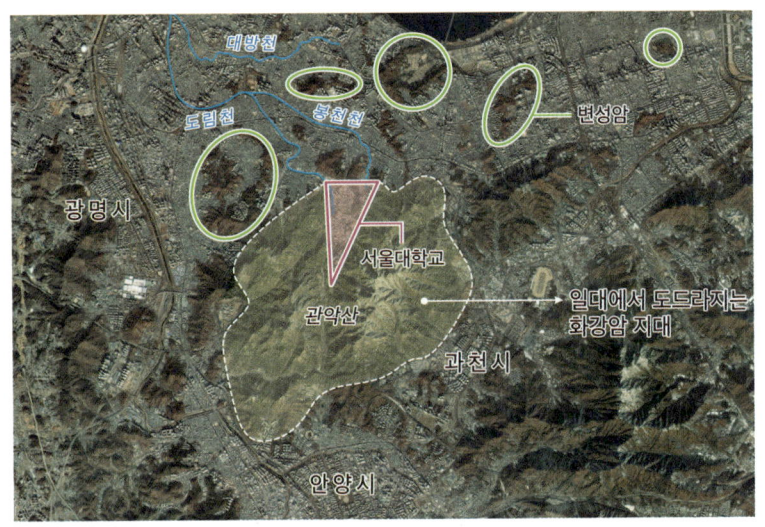

서울대 캠퍼스는 오롯이 중생대 화강암 지역에 있다. 관악산을 중심으로 서울, 과천, 안양, 광명 등의 시가지가 발달해 있고, 서울대 캠퍼스 일대에서 발원한 도림천과 그 지류인 봉천천, 대방천이 동서 방향으로 흐르면서 시·원생대의 변성암 언덕 지역이 도시화를 이룰 수 있도록 만들어 줬다. 봉천천이 흐르던 물길은 2호선이 지나고, 대방천이 흐르던 물길은 7호선이 지난다.

  관악산의 남다른 존재감은 멋진 암반을 펼쳐 보이는 기반암 덕분이라고 할 수 있겠습니다. 관악산의 기반암은 화강암입니다. 관악산의 거대한 몸체를 이루는 화강암은 중생대 쥐라기 마그마가 지하 깊은 곳에서 식어 굳으면서 만들어졌어요. 이후 오랜 시간을 거쳐 땅 표면이 깎여 나가면서 지표 위로 드러난 게 바로 화강암이지요. 마치 매미처럼 땅속에서 오랜 인고의 시간을 견딘 뒤, 세상 밖으로 나와 멋진 암반을 곳곳에 펼쳐 보이는 바위입니다. 지질도를 살펴보면 서

서울대 정문. 흔히 '샤'대문이라고도 부른다.

울대 캠퍼스의 위치 선정이 매우 절묘하다는 사실을 확인할 수 있습니다. 서울대 캠퍼스의 범위는 화강암 기반암의 지역과 거의 일치하고, 정문을 경계로 다른 기반암으로 구성된 지대가 이어지거든요.

내친김에 힘들게 올라온 언덕의 기반암을 따져 볼까요? 정문을 경계로 나뉘는 서울대 바깥 지대는 시·원생대에 만들어진 변성암의 일종인 편마암이 주를 이루고 있습니다. 서울에 분포하는 대부분의 편마암은 앞서 넘은 언덕처럼 완만한 고개를 이루는 경우가 많아 도시화를 이루기에 괜찮은 땅을 제공합니다. 북한산 일대의 거대한 화강암 지역을 제외하면, 서울의 대부분은 낮은 편마암 지대입니다. 이와 같은 기반암의 성질은 서울이 넓은 도시화를 이루는 데 간접적으

정문에 설치된 '샤'?

대학가 이모저모

서울대 정문은 우리나라 대학 정문 중에서 가장 유명한 랜드마크입니다. 서울대에 들르면 일단 정문에서 기념사진을 찍는 게 관례일 정도로요. 경복궁 하면 광화문이 떠오르듯이, 서울대를 떠올리면 특이한 생김새의 정문이 바로 떠오르지요.

정문의 모양은 '국'립'서'울'대'학교의 초성인 'ㄱ', 'ㅅ', 'ㄷ'을 조합하여 구성한 것입니다. 1975년 서울대가 지금의 관악캠퍼스로 통합 이전함에 따라 정문의 필요성이 제기된 것이 조형물 건립의 시발점입니다. 정문의 문양은 서울대 교정 곳곳에 각인돼 있어 어디서든 쉽게 찾아볼 수 있는, 자타 공인 '서울대의 상징'입니다.

서울대 정문은 워낙 상징성이 강한 건축물이다 보니 별명도 많습니다. 그중 가장 널리 알려진 것이 '샤'입니다. 조형물을 한글로 보면 언뜻 '샤'처럼 보이지 않나요? 서울대 재학생들은 정문을 '샤대문'이라고 부른다고 하는데, 충분히 수긍할 수 있는 재미있는 별명입니다.

이렇듯 상징성이 강한 서울대 정문은 철로 만든 구조물이라 오르기도 쉬워, 등반의 역사도 가지고 있습니다. 1980년대 대학가의 민주화 시위를 비롯하여 서울대 내부의 각종 이슈가 있을 때마다 정문이 고공 시위 현장으로 탈바꿈했던 것이죠. 상징성이 강한 곳은 그만큼 많은 사람의 주목을 받을 수 있는 곳이니 뜻을 알리기에 좋았을 터입니다.

로 도움을 주었어요. 동서로 흐르는 한강을 끼고 펼쳐진 편마암 언덕지대를 따라 도시를 확장할 수 있었던 것이지요. 이처럼 공간의 뿌리에 관한 지리적 이해는 삶의 터전에 대한 풍성한 이해를 돕습니다.

서울대 캠퍼스의 뿌리를 찾아서

정문에서 고개를 들어 관악산 꼭대기를 바라보면 축구공 모양의 둥근 돔과 레이더 관측기 같은 구조물을 볼 수 있습니다. 1969년 설치된 국내 최초 기상레이더 관측소인 관악산기상관측소가 그곳에 자리 잡고 있거든요. 기상관측소는 일반 기상대와는 임무가 다릅니다. 기상관측소에서는 대기 중에 전파를 쏴 어디에서 비가 올지, 얼마만큼 올지 등을 예측하는 데이터를 모으거든요. 일기예보에 필요한 자료들을 모으는 중요한 시설이지요. 왜 이곳에 특수 시설을 놓았는지는 지도를 보면 금방 답이 나옵니다. 관악산 정상은 한강 너머의 북한산 아래 지역을 두루 조망할 수 있는 입지거든요.

이제 본격적으로 캠퍼스의 뿌리 공간을 찾아볼까요? 서울대는 워낙 건물이 많고 부지가 넓다 보니, 캠퍼스 지도를 들여다봐도 인상적인 공간을 찾기 쉽지 않습니다. 역삼각형으로 관악산의 계곡을 깊게 파고든 캠퍼스는 비정형의 건물 패턴이 덧입혀져 산만한 느낌마저 들기도 합니다. 연세대와 고려대 등 명문 사학이 한눈에 뚜렷이 보이

서울대 중앙도서관(관정관)

는 뿌리 공간을 설계한 것과는 대조적인 모습입니다. 이럴 땐 총장이 근무하는 본관을 찾아보는 게 현명한 방법입니다. 총장이 집무하는 곳이 캠퍼스에서 상징성을 갖는 공간인 경우가 많거든요. 서울대 홈페이지에서 총장 집무실을 찾아보니 행정관이라고 하네요. 바로 길을 떠나 봅시다.

    정문에서 곧장 길을 따라가니 왼쪽으로 넓은 잔디밭과 행정관이 보입니다. 행정관 뒤로는 중앙도서관 본관과 새로 지은 중앙도서관 관정관이 병풍처럼 에워싸고 있습니다. 이른바 잔디광장 아래로는 지하 시설을 두어 주차장으로 이용 중입니다. 깔끔하게 관리된 잔디와 도서관, 그 뒤를 감싸는 기반암이 노출된 관악산을 보니 역시 이곳이 캠퍼스의 뿌리 공간인 듯싶습니다. 특히 새롭게 지은 중앙도서관, 관정관이 남다른 인상을 풍깁니다. 중앙도서관 본관 건물은 관정관과 절묘하게 신구 조화를 이루고 있고요.

이쯤에서 지도를 펼쳐 위치를 점검해 보겠습니다. 행정관과 도서관의 얼굴은 정문을 향해 있고, 행정관을 중심으로 왼쪽으로는 공과대학, 오른쪽으로는 인문대학이 밀집한 모양새입니다. 서울대 캠퍼스가 조성된 1975년 이후의 지도를 10년 단위로 추적해 보면, 공간의 확장에 따라 흥미로운 흐름을 파악할 수 있습니다. 시대적 흐름에 따라 인문대학보다는 공과대학 중심으로 건물이 늘었고, 그 연속된 흐름은 관악산 골짜기 깊숙한 곳까지 파고들어 지금과 같은 역삼각형의 모습을 갖추게 된 것이지요. 서울대 캠퍼스는 앞으로도 점차 넓어질 것 같습니다.

관악산에 깃든 서울대 관악캠퍼스

넓디넓은 서울대 캠퍼스에 빼곡하게 들어찬 건물을 모두 둘러보는 일은 아무래도 어려울 성싶습니다. 그 대신 뿌리 공간을 중심으로 큰 도로를 따라 한 바퀴 걸어 보는 건 어떨까요? 힘에 부치면 곳곳에 마련된 카페와 편의점에서 잠깐씩 쉬어 가도 좋습니다.

도서관을 빠져나와 약학관을 거쳐 공과대학을 뒤로하고 나오면 다시 정문과 신공학관을 향하는 넓은 도로를 만납니다. 이번에는 신공학관 방향으로 건설환경종합연구소를 꼭짓점 삼아 계속 걸어 봅시다. 신소재공동연구소를 지나면서부터는 건물이 거의 보이지 않습니다. 대신 셔틀버스와 간이 주차장, 발전소와 쓰레기 집하장 등의 시설이 보일 거예요.

건설환경종합연구소를 지나면 주차장을 방불케 할 정도로 많은 차량이 길가에 주차되어 있는 것을 볼 수 있습니다. 이곳은 서울대 정문에서 약 2킬로미터 넘게 떨어진 캠퍼스의 오지입니다. 여기서 근무하는 직원이나 연구원 들은 자가용을 타지 않기 어려울 듯합니다. 걷는 길 사이로 관악산을 등반할 수 있는 샛길이 눈에 띄지요? 연구에 몰두하며 쌓인 스트레스를 해소하기에 좋은 산행 코스입니다. 실제로 관악산 정상에 있는 연주대(戀主臺)에서는 서울대 재학생을 더러 만날 수 있다고 합니다. 코너를 돌아 새롭게 지은 공과대학 건물 숲을 다시 지나 보면, 관악산과 서울대 캠퍼스가 한 몸과 같다는 사실을 새삼 느낄 수 있습니다.

반도체공동연구소, 컴퓨터연구소를 지나면 넓은 잔디와 이색적인 모양의 시설이 보일 거예요. 이곳은 노천 공연장인 버들골풍산마당입니다. 가까이 갈수록 동대문디자인플라자(DDP)와 비슷한 느낌을 주는 매력적인 디자인입니다. 상대적으로 넓고 평탄한 이곳에서도 꽤 흥미로운 공간의 이야기를 찾아볼 수 있습니다.

버들골풍산마당의 위치는 도림천 최상류 지역에 해당합니다. 예

자하연은 서울대생이라면 누구나 아는 연못이다. 인위적으로 연못을 만드는 건 유지 및 관리 차원에서 결코 좋은 선택이 아니다. 자하연은 관악산의 좁은 골짜기가 더 큰 강으로 흘러들기 전 모이는 일종의 터미널과 같은 곳에 자연스럽게 만들어졌다.

전에도 지금처럼 야외 노천강당이 있던 곳이에요. 도림천의 범람을 막기 위해 서울시가 저류조(빗물을 저장하는 시설) 설치에 들어가면서, 옛 노천강당을 철거한 뒤 방치하던 구역입니다. 이후 자본을 들여 지금과 같은 친환경 문화공간으로 탈바꿈한 것이지요. 도림천의 상류 지역이라는 사실은 행정관 옆에 위치한 서울대의 연못, '자하연'과도 연관이 깊습니다. 자하연은 도림천의 지류가 머물다 지나가는 지점을 막아 세운 연못이거든요. 가장 깊은 곳의 수심이 2미터도 되지 않는 얕은 연못입니다. 물 빠짐이 좋은 화강암이 기반이다 보니, 서울대 캠퍼스는 넓은 저수지를 조성하기에 불리한 조건이라는 것도 참고로 알아 두었으면 합니다.

이제 쾌적한 녹지 공간에서 잠깐 숨을 고르고 다시 발걸음을 옮겨 볼까요? 관악사삼거리를 따라 생활관 등의 공간을 거치면 이제야 서울대 후문이 모습을 드러냅니다.

귀에 익은 강감찬과 샤로수길

후문을 지났다면 이제 낙성대(강감찬)역 방향으로 향해 봅시다. '샤로수길'에 가기 위해서지요. 대한민국에서 가장 넓은 서울대 캠퍼스를 돌아보느라 심신이 꽤 고단했을 테니, 잠깐 쉬면서 낙성대에 대해 알아보는 것도 좋겠습니다.

낙성대(落星垈)라는 이름은 말 그대로 '별이 떨어진 터'라는 뜻으로, 귀주대첩으로 유명한 고려시대의 위인 강감찬의 탄생 설화와 맞물려 있는 역사적 장소입니다. 낙성대의 병기 역명으로 실존 인물의 이름이 들어간 것은, 호국 영웅을 이용한 도시브랜드화 전략으로 이해할 수 있습니다. 경춘선의 김유정역, 광주 지하철 1호선의 김대중컨벤션센터(마륵)역에 유명 인사의 이름을 활용한 것과 비슷한 이유이지요.

한편 샤로수길은 서울 신사동에 있는 '가로수길'에서 아이디어를

양옥을 리모델링한 샤로수길의 점포

서울대입구역 2번 출구 앞의 샤로수길 이정표

가져와 지은 이름입니다. 서울대 상징인 정문의 '샤'와 '가로수길'을 합친 것이죠. 샤로수길은 이미 여러 매체를 통해 이색적인 매장이 가득한 개성 넘치는 거리로 알려져 있습니다. 샤로수길 초입부터 다세대 연립주택의 1층을 새롭게 단장한 다채로운 간판이 눈에 띌 거예요. 3·4층 규모의 다세대주택과 양옥 주택이 혼재한 상황에서 1층이 상가로 변모하며 뜻밖에 주상복합건물이 된 건물들입니다. 개인적으로 골목 상권을 좋아하다 보니, 가게 하나하나를 꼼꼼히 살펴보게 됩니다. 청년층이 좋아할 만한 요식업과 의류업, 타로점집이 주를 이루

서울대 휘장에 담긴 소소한 이야기

대학가 이모저모

서울대 휘장에는 월계수 잎이 그려져 있습니다. 월계수 잎 안으로는 'VERITAS RUX MEA(베리타스 룩스 메아)'라는 문구가 새겨진 책과 정문의 형상이 담겨 있고요. 책 뒤로는 횃불과 깃털로 만든 펜이 교차하고 있습니다. 각각의 요소에는 어떤 뜻이 담겨 있는 걸까요?

월계관은 서울대가 학문의 전당이라는 상징이고, 펜과 횃불에는 열심히 학문에 정진하여 겨레의 빛을 밝힌다는 뜻이 담겨 있다고 합니다. 라틴어 문구는 '진리는 나의 빛'이라는 뜻이에요. 영미권 대학들은 대학의 휘장에 라틴어를 자주 사용하기도 합니다. 대표적인 곳이 세계 최고 대학으로 꼽히는 하버드대학의 'VERITAS'입니다. 하버드 근처 매사추세츠공과대학(MIT)도 '머리와 손'을 뜻하는 'MENS ET MANUS(멘스 엣 마누스)'라는 라틴어를 대학의 표어로 여기죠. VERITAS의 용례를 조금 더 거슬러 오르면 흥미롭게도 신약성경과 만납니다. '진리가 너희를 자유롭게 하리라'라는 문장이 요한복음에 실려 있거든요. 오늘날 서울대 휘장 속에 깃들어 있는 학구 정신의 원조라고 할 수도 있겠네요.

고 있습니다. 레트로한 감성이 충만한 길을 걸으며 숨은 맛집과 이색 매장을 만나는 일은, 마치 보물찾기를 하는 것처럼 유쾌합니다. 서울대 투어를 마친 뒤에는 샤로수길을 돌아보며 마음에 드는 카페에서 여정을 돌아보는 건 어떨까요?

2000년대 초반까지만 하더라도, 서울대 주변 상권에선 고시생으로 북적이던 '녹두거리'가 유명했습니다. 하지만 2007년 로스쿨 제도가 도입되고 2017년 사법고시가 완전히 폐지되는 과정에서 샤로수길이 새로운 상권으로 급부상했지요. 샤로수길은 임대료가 너무 높아 실험 정신을 지닌 소액 창업가들이 발을 들이기 힘든 이태원·홍대·압구정의 대안으로 만들어진 공간입니다. 어느덧 어엿한 관악구의 핫플레이스로 자리매김하게 되었지요. 하지만 샤로수길에도 이미 젠트리피케이션의 그림자가 드리우고 있습니다. 아무래도 영원한 핫플레이스는 없는 걸까요? 샤로수길의 미래가 궁금해집니다.

05

강남을 관통하는 교대의 역사
서울교육대학교

교대역은 전국에 모두 몇 개일까요? 직접 세어 보니 세 개입니다. 서울특별시·부산광역시·대구광역시 지하철에는 모두 교대역이 있습니다. 그중 서울과 부산의 교대역은 환승역이에요. 인천광역시에도 교대가 있지만, 역명은 '경인교대입구역'이지요. 경인교대입구역은 서울 지하철 2·3호선이 지나는 교대역과 구분하기 위해 전체 대학명을 넣은 것입니다. 두 역 모두 수도권 전철에 속하니 어떻게든 구분이 필요했을 겁니다.

그 밖의 교대역은 물론 모두 해당 지역의 교대를 가리킵니다. 교대는 모두 국립대학이라서 한 광역자치단체에 두 개를 세울 수 없거든요. 만약 2026년 개통 예정인 광주광역시 광주도시철도 2호선에서 광주교대 근처를 지나는 지하철 역명이 교대역이 된다면, 교대역은 전국에 네 개로 늘어날 수도 있습니다.

애초에 이름을 교대역이 아닌 서울교대역으로 지었다면 어땠을까요? 짐작건대 부산과 대구의 교대역은 각각 부산교대역·대구교대역이 되었을 것입니다. 친구 따라 강남 가듯, 서울에 위치한 '교대역'이 갖는 상징성이 후발주자의 이름 짓기에 영향을 줬을 가능성이 커 보입니다. 그렇다면 원조 교대역이 위치한 서울교육대학교는 어떤 학교일까요?

교대역에서 교대까지

교대역은 서울 지하철 2호선과 3호선의 환승역입니다. 서울교통공사는 1982년에 2호선 교대역을 개통하고 3년 뒤 3호선을 놓았으니, 두 역은 서울 지하철역 가운데 나이가 많은 축에 속합니다. 혹시 평일 출근 시간대 2호선 교대역에 가 본 적 있나요? 이 시간대의 교대역 플랫폼에는 타려는 사람보다 내리려는 사람이 훨씬 많습니다. 사람들이 마치 개미처럼 좁은 플랫폼 사이를 일사불란하게 오가는 모습을 볼 수 있지요. 인파에 자연스럽게 몸을 맡기면 어느새 교대역 13번 출구입니다.

13번 출구에서 서울교대까지는 서초중앙로를 끼고 걸어서 5분

교대 정문과 사향관

거리입니다. 길게 뻗은 플라타너스 가로수길을 걸으면 금방 서울교대 후문에 닿아요. 서울교대 후문은 좌우로 날개가 뻗은 모양인데, 왼쪽 문에는 '청람문'과 '서울교육대학교부설초등학교'라는 문패가 달려 있고, 더 커다란 오른쪽 문에는 '서울교육대학교'라는 문패가 각각 걸려 있습니다. 청람문은 '제자가 스승보다 낫다'는 청출어람(青出於藍)이라는 사자성어에서 왔을 텐데, 부설초교의 문패는 왜 달아 놓은 걸까요? 답은 후문을 통과하자마자 알 수 있습니다. 알록달록한 색으로 디자인한 초등학교 건물과 놀이터가 왼편에 보이니까요. 서울교대의 후문이 곧 부설초교의 정문인 셈이지요.

야트막한 언덕을 따라 길을 오르면 금방 대학운동장에 닿습니다.

사방이 탁 트인 대학운동장을 중심으로 둥글게 조림한 나무들은 나이가 제법 많아서 서울교대가 이곳에 터를 잡은 지 꽤 오래되었음을 알려 줍니다. 서울 서초구 서초동에 위치한 지금의 교대 캠퍼스가 만들어진 건 1977년입니다. 지하철을 개통한 게 1982년이라고 했었죠? 그러니 당연히 서울교대가 먼저 자리 잡고 있었어야 앞뒤가 맞습니다. 그 당시만 해도 서울교대가 일대의 랜드마크였기에 자연스럽게 교대역이라는 역명이 붙은 거지요.

서울교대는 본디 한양대학교 맞은편, 서울 성동구의 덕수고등학교와 행당중학교 자리에 있었습니다. 해방 후 1946년 경기공립사범학교로 출발한 서울교대는 잠시 서울대학교병설교육대학이었다가, 1963년에 서울교육대학으로 독립했습니다. 강남 개발이 한창이던 1977년에 서울교대는 성동구 행당동에서 '강남구' 서초동으로 터를 옮겼어요(오늘날에는 교대가 행정구역상 서초구에 속하지만, 옮길 당시엔 강남구였답니다).

만약 서울교대가 지금의 자리로 이사하지 않았다면 어땠을까요? 아마도 막강한 브랜드 파워를 지닌 지금의 교대역은 없었을 겁니다. 옛 서울교대 터는 왕십리로를 기준으로 한양대와 마주하고 있으니까요. 한양대는 서울교대보다 규모가 훨씬 큰 종합대학입니다. 만약 서울교대가 옛 자리를 지키고 있었다면, 지하철역의 이름은 교대(한양대)역보다는 한양대(교대)역이 되었을 확률이 높습니다. 지명에서 따와 행당역이 되었을 수도 있겠지요. 만약 행당역이 되었다면 1996년에 개통한 5호선 행당역에는 또 다른 이름이 주어졌을 테고요.

서울교대 캠퍼스의 특이점

대학운동장 주변을 돌면 서울교대의 핵심 건물을 모두 만날 수 있습니다. 후문 언덕을 올라가면 인문관과 연구강의동이 이어지고, 저 멀리 대학본부와 그 곁의 미술관 및 음악관을 한눈에 담을 수 있지요. 이어 새롭게 단장한 깔끔하고 웅장한 사향융합체육관이 보이고, 그 곁에 정문을 끼고 돌면 기숙사와 도서관, 학생회관이 보입니다. 여기까지가 서울교대 캠퍼스의 전부입니다. 대학운동장을 한 바퀴 돌면 주요 건물을 대부분 볼 수 있을 정도로 서울교대 캠퍼스는 작고 아담합니다.

특이한 점은 정문인 사향문의 규모입니다. 앞서 지나온 위풍당당한 청람문과 견주면 정문이 외려 후문 같은 느낌마저 들어요. 굳이 후문을 정문보다 크게 만들 필요가 있었을까요? 공간의 단서를 요리조리 살펴보면 이번에도 금방 답을 찾을 수 있습니다.

정문인 사향문은 왕복 4차선인 사임당로에 있고, 후문인 청람문은 왕복 7차선인 서초중앙로에 있습니다. 서초중앙로는 위에서부터 서울고속버스터미널, 법조타운, 서울남부터미널과 같은 굵직한 공간을 차례로 잇는 대로입니다. 반면에 사임당로는 동서로 강남대로와

서울교대 후문 전경

반포대로를 잇지만, 도롯가가 대부분 주거지역이라서 그런지 큰길로 나가는 골목길 같은 인상을 주고요.

    서울교대로서는 체급이 큰 만큼 오가는 차와 사람이 많은 서초중앙로 쪽에 더 관심을 가질 수밖에 없습니다. 그런데 만약 캠퍼스를 처음 지을 당시에도 서초중앙로가 주요 도로였다면, 애당초 그쪽에 정문을 짓지 않았겠어요? 여기서 공간의 역사를 자연스럽게 추론해 볼 수 있습니다. 서울교대 캠퍼스를 만들 당시엔 사임당로에 사람의 발길이 더 잦았을 거예요. 하지만 교대역이 놓이고 법조타운이 들어서면서 서울고속버스터미널과 서울남부터미널을 잇는 서초중앙로의 체급이 올라갔겠지요. 그렇게 후문의 반란이 성공한 것이고요! 실제로 1970년대 지도를 살펴보면 지금의 정문 주변은 마을이 조성되어 있던 반면, 교대역 일대는 하천변 농경지였음을 알 수 있습니다.

서울교대 대학운동장을 돌아보면 또 다른 특이점을 파악할 수 있습니다. 이곳 운동장에는 인근 주민이 많다는 점이에요. 평일 낮에 가더라도 맨발로 운동장 주변의 흙길을 걷는 어르신이나 트랙을 뛰는 사람들을 제법 볼 수 있습니다. 캠퍼스를 오가며 만난 교대생 수만큼 많은 것 같을 정도입니다.

그러고 보니 대학운동장이라는 이름 자체가 조금 특이합니다. 일반적으로는 대운동장이라고 부르니까요. 대학운동장은 서초구의 예산을 받아 새롭게 단장하는 조건으로 지역 주민과 공유할 수 있는 공간으로 탈바꿈했다고 합니다. 꽤 번화한 서초동에서 이만한 규모와 시설을 갖춘 운동장은 달리 없습니다. 서울교대의 대학운동장은 지역사회와 대학을 끈끈하게 이어 주는 훌륭한 상생 모델이자 알짜배기 공간이라고 할 수 있겠습니다.

쪽문 밖에서 만난 재수 종합 학원

대학운동장을 한 바퀴 돌다 보면 야트막한 내리막길에 나 있는 작은 문을 발견할 수 있습니다. 두 사람이 겨우 오갈 수 있을 정도로 좁지만, 제법 많은 사람들이 드나드는 문입니다. 캠퍼스 지도에도 이

교대생에게 추천하는 데이트 코스 (feat. 지리)

서울교대 캠퍼스에서는 커플을 구경하기 힘듭니다. 추억을 만들기엔 너무 작은 규모 때문이에요. 교대 캠퍼스의 면적은 서울권 대학 중에서도 꽤 작은 축입니다. 서울 강남구에 있는 경기고등학교 면적보다도 작죠. 한국외국어대학교도 서울교대와 비슷하게 자그마합니다. 특정 목적을 위해 설립된 학교들이니 아무래도 종합대학보다는 면적이 작을 수밖에요.

서울교대를 다니는 캠퍼스 커플은 그래서 대안을 찾아야 합니다. 가장 먼저 추천하고 싶은 건 '걷기'입니다. 교대역은 교통이 좋아 멀리 떠나기 편하지만, 아담한 캠퍼스를 베이스캠프 삼아 주변을 두루 걷기에도 좋습니다. 서리풀공원을 가로질러 반포나 고속터미널 주변으로 갈 수도 있고, 서초중앙로를 따라 남부터미널을 지나면 예술의전당에 갈 수도 있습니다.

그 유명한 테헤란로를 따라 강남역이나 삼성역까지 걸어 볼 수도 있습니다. 이란의 수도 테헤란에서 이름을 따온 테헤란로는 국가 간 수교를 기념하여 붙인 거리 이름인데, 어느새 강남의 핵심 축으로 자리를 잡았어요. 넓은 도로와 보행로 그리고 양옆으로 나란히 선 높은 빌딩 숲이 인상적인 거리입니다(다만 빌딩 숲 일색이라 걷는 재미는 덜합니다).

교대에서부터 선정릉이나 봉은사까지 걷는다면 공간의 변천사를 두루 느끼는 기회가 될 것입니다. 교대 캠퍼스 커플이라면 걷기 데이트를 통해 건강과 사랑이라는 두 마리 토끼를 모두 잡아 보는 건 어떨까요?

교대역 주변에 터를 잡은 대형 재수 종합 학원

름이 없는 그야말로 '쪽문'이지요. 쪽문으로 나가 보면 흥미로운 간판이 눈에 띌 거예요. 강남정일학원! 조금 더 걷다 보면 강남종로학원, 이투스247학원, 서초메가스터디학원 의약학전문관, 강남대성학원 등 이른바 재수 종합 학원들이 좌우로 빼곡히 들어서 있는 것을 알 수 있습니다.

굴지의 대형 프랜차이즈 입시 학원들이 교대역 주변에 모이기 시작한 것은 언제일까요? 바로 강남대성학원이 1996년 터를 잡으면서

서울고등법원(왼쪽)과 서울중앙지방법원(오른쪽)을 아우르는 법원의 상징과도 같은 건물이다.

부터입니다. 교대역 학원가는 한때 '재수 학원의 8학군'이라는 별칭을 얻을 정도로 주목받았습니다. 하지만 최근 학원들이 강남구 대치동이나 강남역으로 이전 및 통폐합하면서 학원가의 위세는 한풀 꺾였습니다. 아무래도 대치동 학원가는 재학생과 재수생을 아우를 수 있는 입지이다 보니, 경영의 효율성 측면에서 더 매력적인 지역일 것입니다.

기세가 한풀 꺾였어도 교대역 주변은 여전히 많은 학생이 더 나은 미래를 준비하는 도전의 공간입니다. 직장인과 교대생 또는 재수생으로 보이는 젊은이들이 골목마다 바쁘게 오가는 것을 관찰할 수 있지요. 학생들이 숙식을 해결하는 학사 간판을 단 건물들도 마주칠 수 있습니다. 새삼 교대역 일대에 얽힌 공간의 두터운 역사를 느끼게 되네요.

교대역의 또 다른 이름, 법원·검찰청

큰길로 나가면 법원검찰청사거리가 눈에 들어오는데요, 내친김에 교대역을 기준으로 3·4·6·7·8·9·10번 출구로 이어지는 공간을 걸어 보는 건 어떨까요? 교대역에는 '법원·검찰청'이라는 병기 역명이 있습니다. 서초법조타운으로 잘 알려진 지역이지요. 서울중앙지방법원을 거쳐 서리풀공원과 몽마르뜨공원을 둘러보고, 대검찰청과 대법원을 지나 다시 교대역으로 돌아오면 핵심 시설을 모두 볼 수 있습니다.

6번 출구로 나가면 왼쪽으로 서울중앙지방법원을 끼고 주상복합 아파트 아크로비스타까지 쭉 오르막입니다. 서울중앙지법은 뉴스에서 단골로 등장하는 바로 그 건물이에요. 법원 맞은편으로는 변호사·법무사 사무실이 즐비합니다. 6번 출구에서 이어진 오르막은 대단지 삼풍아파트와 아크로비스타 앞에서 끝이 납니다. 삼풍아파트라니, 1995년 삼풍백화점 붕괴 사고가 떠오르지요? 지금의 초고층 아크로비스타는 바로 그 당시 붕괴한 삼풍백화점이 있던 자리에 세워진 건물입니다.

아크로비스타에서 반포미도아파트를 지나 서리풀공원에 올라 봅시다. '서초'라는 지명은 본디 서리풀이 무성했다고 해서 붙여진 이름이에요. 서리풀은 과거 임금에게 진상하던 벼를 뜻하고요. 서리풀공원은 도심에서 충분한 휴식을 즐길 수 있을 정도로 숲이 우거져 있습니다. 서리풀공원에서 누에다리를 건너면 바로 몽마르뜨공원이 나와요. 서울 한복판에서 프랑스 파리를 연상케 하는 이름이 어색한 느낌을 주지만, 언덕 아래가 프랑스인이 많이 사는 서래마을이라는 점을 알면 고개를 끄덕이게 됩니다. 파리의 몽마르트르는 탁 트인 개방감을 주는 반면, 서울의 몽마르뜨공원은 주변으로 숲이 우거져 시야가 답답하다는 점이 다를 뿐이지요.

공원을 내려가는 길에는 야트막한 언덕 사이에 밀집한 대법원, 대검찰청, 서울고등검찰청, 서울중앙지방검찰청 등 법원·검찰청의 핵심 기관을 두루 만날 수 있습니다. 이 기관들은 언제 이곳에 터를 잡았을까요? 강남이 본격적으로 개발된 것이 1970년대부터이고, 이들 기관은 1980·1990년대에 서울 중구 서소문 일대에서 서초동으로 옮겨 왔습니다.

법원·검찰청이 터를 잡은 지도 40년 남짓한 시간이 흐른 오늘날, 이들 기관은 또다시 세종시로의 이전 가능성을 열어 두고 있습니다. 대통령 세종집무실(제2집무실)과 국회 세종의사당 건설을 확정하면서, 입법기관과 행정기관을 따라 사법기관도 이전해야 한다는 주장이 나오고 있거든요. 만약 이들 기관이 세종시로 이전한다면, 세종시는 입

서리풀공원 누에다리에서 본 반포대교의 전경

법·사법·행정 기관을 갖춘 행정수도의 꼴을 갖추게 됩니다. 반면 이들이 떠난 교대역의 위상은 현격히 낮아질 테지요.

서초역에서 다시 교대역으로

교대역에서 한 정거장 떨어진 서초역으로 나오면 대법원 앞입니다. 왕복 10차선의 서초대로가 펼쳐져 있는 공간이지요. 서초대로는 7호선 이수역과 2호선 강남역을 동서로 연결하는 도로입니다. 흥미로운 것은 서리풀터널이 2019년에 개통한 신생 터널이라는 점입니다. 서리풀공원을 점유하던 군 시설인 국군정보사령부가 이전함에 따라 서리풀터널을 건설할 수 있게 되었다고 합니다.

탁 트인 서초대로를 따라 다시 교대역 방향으로 걸어 볼까요? 대법원에서 교대역으로 가는 길은 야트막한 내리막입니다. 서울교대에서부터 대법원까지 반복되는 오르막과 내리막은 지형의 밑그림과 관련이 깊습니다. 일대의 지질도를 들여다보면 서울교대의 언덕, 삼풍아파트의 언덕과 서리풀공원, 그곳에서 연결되는 몽마르뜨언덕 모두 시·원생대에 형성한 편마암 지대임을 알 수 있습니다. 반면에 교대역 학원가, 서초역에서 교대역에 이르는 구간, 교대역에서 강남역까지는 모두 신생대의 충적지입니다. 몇 가지 정보를 종합하면 교대역이라는 공간의 이야기를 다음과 같이 재구성할 수 있습니다.

서초구·강남구의 대부분 지역은 편마암과 충적지로 구성되어 있습니다. 강남의 주요 기반암인 편마암은 아주 오래전인 시·원생대에 만들어져 세월의 풍파를 견디며 낮은 구릉지로 남았지요. 연속된 구릉지가 마치 물결처럼 강남 일대를 수놓으며 야트막한 오르막과 내리막 구간을 빚어낸 것입니다. 이는 개발 이전의 강남 일대가 과수원과 뽕밭이었던 이유이기도 합니다. 구릉과 구릉 사이 낮은 골짜기에는 물이 한줄기 흐르는데, 그중에서도 우면산에서 발원하여 반포동으로 빠져나가는 반포천의 존재감이 두드러집니다. 반포천의 본류는 오늘날 강남역을 거쳐 서울고속버스터미널을 지나 동작대교 방면으로 흐르지요. 그 반포천의 지류 가운데 하나가 서리풀공원 일대의 언덕에서 발원하여 서초역, 교대역, 강남역을 따라 진흥아파트 일대에서 합류하면서 교대역 주변의 낮은 공간을 만들었습니다. 교대역 일대의 평탄한 공간은 하천이 물질을 쌓아 만든 충적지인 것입니다. 물길이 보이지 않는 건, 콘크리트와 아스팔트 밑으로 숨어 있기 때문이고요. 도시화의 가면을 쓴 반포천은 서울고속버스터미널에 다다라서야 겨우 모습을 드러냅니다.

강남역 일대와 진흥아파트는 서울에 감당하기 힘든 집중호우가 내릴 때마다 뉴스에 자주 등장하는 지역입니다. 그도 그럴 것이 진흥아파트에서 강남역에 이르는 구간은 반포천의 본류와 지류가 만나는 자리거든요. 이와 달리 교대역 일대의 서울교대 및 법원·검찰청은 침수의 위험에서 보다 안전한 편마암 구릉 지역입니다. 아무래도 침수가 우려되는 지역에 핵심 기관의 터를 잡을 수는 없었을 테지요.

과거의 서울교대는 강남 개발에 따른 사법기관 이전 논의, 2호선 지하철 노선 등을 종합적으로 따져 보고 캠퍼스 이전을 결심했을 것입니다. 원래 서울시립대학교가 올 자리였다고 하니, 서울교대 측에선 캠퍼스 이전이 일종의 모험이었을 거예요. 서울교대는 허허벌판의 편마암 구릉대에서 교대역 일대의 청사진을 상상했고, 이전 결정은 결과적으로 탁월한 선택이 되었습니다.

교대역의 힘은 서울교대에만 국한되지 않습니다. 교대역은 전국의 약 3분의 1에 해당하는 법조인과 각지에서 올라온 법무 관련 용무

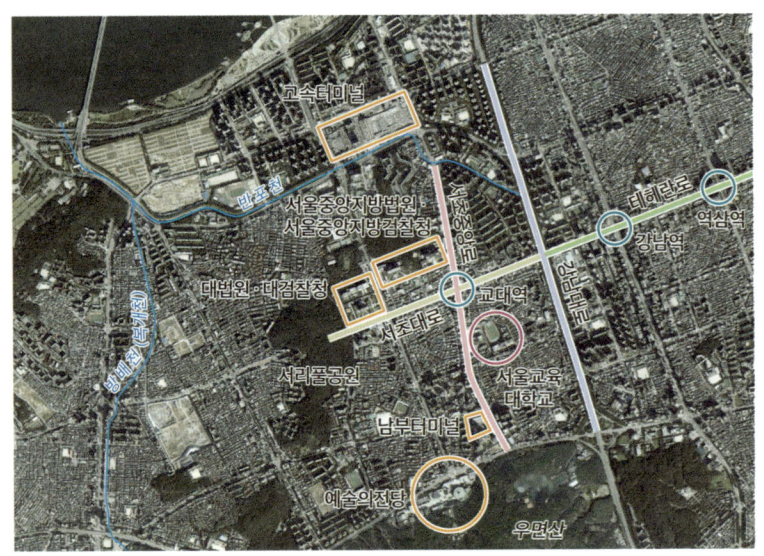

서울교대 일대 편마암 구릉대에는 오랜 도시화를 통해 다양한 인간의 공간과 과거의 물길이 남았다. 강남역에서 교대역 구간은 상대적으로 낮은 지역으로 반포천으로 흘러드는 작은 물길이 모이는 곳이라 집중호우 시 침수가 잦다.

자, 더 나은 미래를 꿈꾸는 재수생과 그들을 대상으로 다양한 서비스를 제공하는 자영업자의 터전이기도 하거든요. 하루 평균 10만 명이 넘는 유동 인구가 오늘도 교대역을 오가며 각자의 삶을 공간에 아로새기고 있습니다. 만약 지금 교대역을 새로 놓는다면 역 이름은 어떻게 되었을까요? 주변 공간에 미치는 지배력으로 추정컨대, 아마도 법원·검찰청(교대)역이 되지 않을까 싶습니다!

교대생이 빠르게
서울을 벗어나는 몇 가지 방법

법률 사무를 봐야 하는 사람은 전국 각지에서 다양한 교통수단을 통해 교대역을 찾아옵니다. 거꾸로 생각해 보면 교대에서 전국 각지로 가는 것도 매우 수월하다는 거지요. 고속버스로 보면 고속터미널역과 남부터미널역이 지하철 한 정거장 거리에 나란히 있습니다. 서울 3대 고속버스터미널 중 두 곳이 서울교대와 가깝다는 건 접근성 측면에서 엄청난 장점입니다.

지하철 3호선을 타고 20분 거리에는 고속철도 SRT를 이용할 수 있는 수서역과 닿아 있습니다. 부산까지도 3시간 이내에 닿을 수 있는 고속철도 접근성은 부산 출신 교대생에겐 큰 이점이 되지요.

교통 접근성에 주목하자니 고속터미널역 근처에 있는 가톨릭대학교 서울성모병원이 눈에 띕니다. 서울성모병원은 전국에서 이름난 의과대학인 가톨릭대학교 의대생이 공부하고 수련하는 공간이기도 합니다. 전국구 대형 병원은 법조타운과 마찬가지로 의료 서비스를 받기 위해 전국에서 사람이 모이는 공간을 만드는 또 하나의 요소입니다.

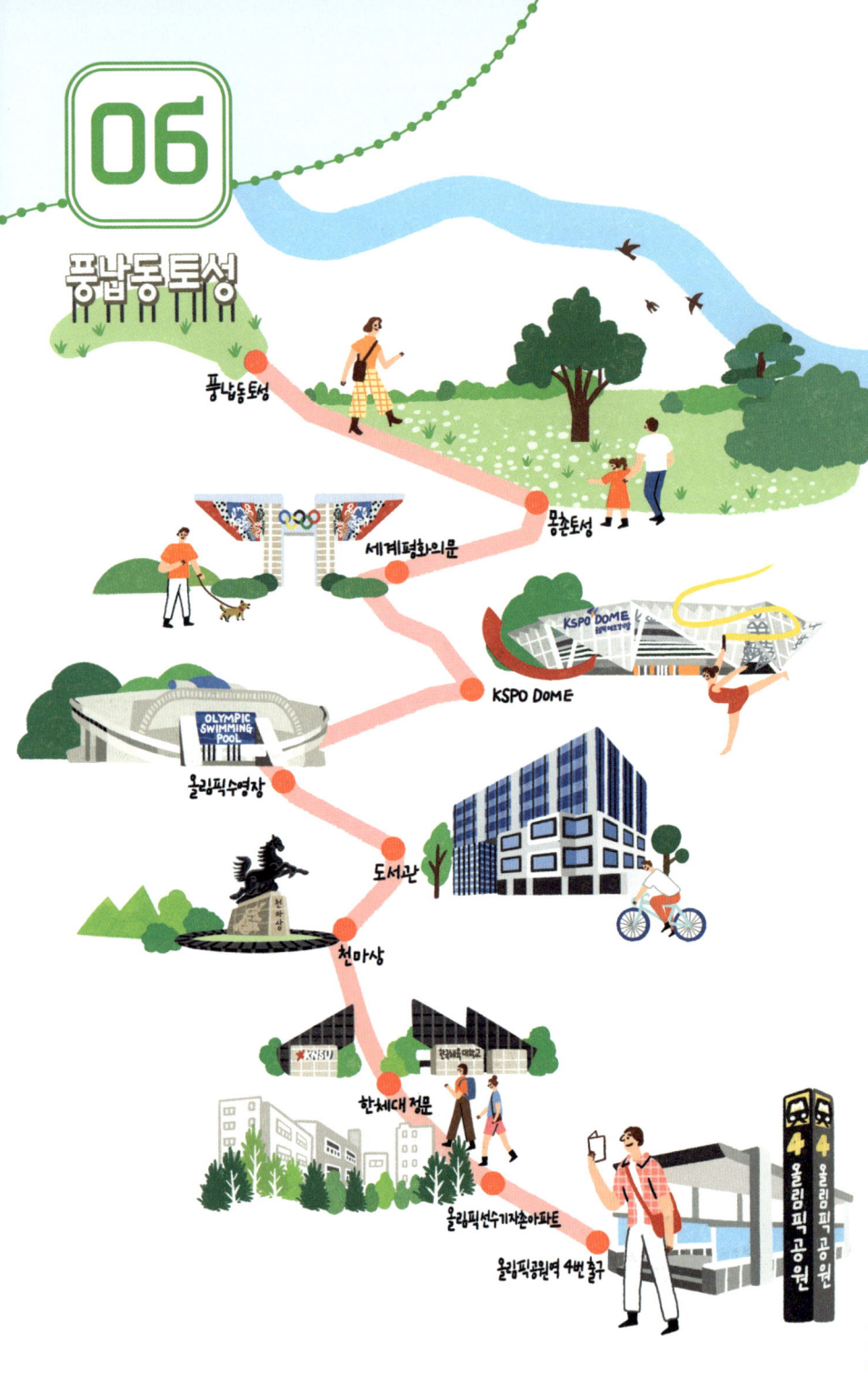

올림픽의 영광을 품은 백제의 옛 성터
한국체육대학교

한국체육대학교, 이른바 '한체대'라는 이름을 여러분은 언제 처음 들어 봤나요? 어쩌면 올림픽과 같은 스포츠 대회의 중계방송에서 처음 들어 보지는 않았나요? 한체대는 명실상부 대한민국 엘리트 체육의 요람으로, 교명과 설립 목적이 정확하게 맞아떨어지는 국내 유일의 체육 특성화대학입니다. 한체대 여행의 출발지로는 아무래도 수도권 지하철 5호선과 9호선이 만나는 올림픽공원역이 제격인 듯합니다. 9호선 올림픽공원역 4번 출구로 나가 성내천을 건너면 바로 한체대 정문이거든요.

한체대 주변에는 명소가 많아 캠퍼스만 둘러보고 오기엔 조금 아쉬울 수도 있습니다. 한체대 주변의 명소를 딱 두 군데만 꼽자면 올림픽공원과 풍납동 토성이 대표적입니다. 서울을 넘어 전국구의 인지도를 자랑하는 공간들입니다. 조금 더 욕심을 내고 발품을 팔면 멋진 공간의 이야기를 길어 낼 수 있지요. 그러니 한체대 여행을 떠날 땐 편한 옷과 운동화를 챙겨 입는 편이 좋습니다. 모름지기 한체대에 가는데, 걷기 운동은 선택이 아닌 필수 아닐까요?

여행을 방해한 변수, 올림픽선수기자촌아파트

올림픽공원역 4번 출구로 나와 주변을 둘러보면 먼저 저 멀리 하늘을 찌르는 롯데월드타워가 보입니다. 그 맞은편에는 올림픽 마크가 붙은 아파트와 상가 건물이 있지요. 아름답게 굴곡진 상가의 이름은 올림픽프라자상가입니다. 한체대에 발을 들이기 앞서 이 아파트를 먼저 둘러볼 필요가 있을 듯합니다. 아파트의 정식 이름은 올림픽선수기자촌아파트(이하 올림픽아파트)로, 5,500세대가 넘는 대단지 아파트입니다. 이름에서 알 수 있듯이 1988년 서울올림픽에 맞춰 선수단과 외신 기자를 수용할 목적으로 지어졌습니다.

올림픽아파트의 건물 배치에는 독특한 면이 있습니다. 상가 건물을 중심으로 방사형으로 뻗어 나간 아파트 건물은 마치 올림픽의 성

올림픽프라자상가

공을 기원하는 축포를 터트리는 것 같은 모양새입니다. 터널처럼 기다란 상가 건물 1층에는 제과점·세탁소·꽃집 등 다양한 상점이 있고, 상가 안에는 시간의 무게를 간직한 노포와 신생 점포가 결을 달리하며 손님을 기다립니다. '대한민국 최초의 편의점'이라는 타이틀을 지닌 세븐일레븐 1호점도 바로 이곳에 있습니다. 다국적기업인 세븐일레븐이 이곳에 점포를 낸 것은 올림픽 직후인 1989년이니, 1호점의 입지와 올림픽은 무관하지 않을 듯합니다. 조금 더 걸으면 스타벅스 올림픽아파트점이 나오는데, 이 정도의 대단지라면 충분히 스타벅스가 기대하는 수요를 만족할 것 같습니다. 스타벅스가 입지할 정도의 상가이니 임대료 또한 상당할 거예요.

국내 1호 편의점인 세븐일레븐 올림픽점

상가를 나와 단지를 둘러보면, 아파트 1층에 마련되어 있는 마당의 모습이 인상적입니다. 요즘에는 서울 근교에서 마당이 있는 저층형 아파트를 찾아보기 어렵지 않지만, 1987년에 마당 있는 아파트를 생각했다는 점은 꽤 놀랍습니다. 실제로 올림픽아파트는 설계부터 시공까지 상당히 공들인 건물이라고 합니다. 하긴 올림픽을 통해 해외 각지에 소개될 대한민국의 한 단면일 테니, 각별한 노력이 들어갔을 테지요. 마당이 있는 1층 위로는 복층으로 구성된 대형 평형이 섞인 구조라, 그 당시로선 확실히 신경을 많이 쓴 아파트라는 느낌을 주었을 것입니다.

아파트 단지 내를 관통하는 감이천과 주변의 산책로

단지 안에 하천이 있는 것도 정말 신기한 점입니다. 아파트 단지가 물길로 인해 세 덩어리로 나뉘어져 있는 모습입니다. 상가 건물을 지나 성내천을 건너 다시 감이천을 건너는 식으로 물길이 나 있거든요. 저 멀리 아파트의 배후를 든든하게 받치는 청량산(높이 483미터)에서 내려온 물줄기가 정확히 올림픽아파트 단지 안에서 합류해 한강으로 흘러드는 구조입니다. 두 물줄기가 만나는 곳에 조성한 아파트 단지라니, 생각할수록 신기한 아파트 아닌가요?

한체대 공간에 한 걸음 더 다가가기

아파트의 나이만큼 오래된 조경수 사이를 걸어 나오면 다시 한체대 앞 건널목입니다. 정면으로 보이는 한체대 정문에는 올림픽 메달리스트의 사진과 메달의 개수가 걸려 있네요. 올림픽을 통해 국민들과 함께 울고 웃던 영광의 얼굴들이 곧 한체대의 얼굴처럼 느껴집니다. 정문을 통과하자마자 오른편으로 육상 트랙과 운동장이 시야에 들어옵니다. 당장이라도 내려가 전력 질주를 하고픈 충동이 일 정도로 쾌적한 운동장이에요. 괜히 한체대가 아닌가 봅니다.

운동장을 한 바퀴 돌아 생활관과 체육과학관, 실내수영장을 차례로 지나면 드디어 본관 앞입니다. 작고 아담한 크기의 본관 앞에는 하늘을 향해 비상하는 천마상이 세워져 있습니다. 한체대의 상징물이지요. 천마상은 초대 학장인 류근석 박사가 세운 것인데, 과거 한체대의 교정이 위치해 있던 태릉의 천마산에서 유래한 것이라는 설명이 가장 설득력이 있었습니다. 그런데 사실 천마산의 천마(天魔)는 '하늘의 마귀'라는 뜻이지만, 한체대의 천마(天馬)는 '하늘의 말'입니다. '천마'라는 말을 들었을 때 먼저 후자의 의미가 떠오르다 보니, 학교 구성원들이 이 말뜻을 곳곳에 활용하며 대학의 상징물이 된 것이지요. 천마라는 단어는 하루에 천 리를 간다는 천리마를 떠올리게도 하니, 한체대의 정체성에 딱 알맞은 상징물 같기도 합니다.

한체대에서 가장 인상 깊은 건물은 아무래도 신축 도서관입니다.

올림픽 메달 100개 달성 기념비

한체대의 상징 동물인 천마상

2023년에 지은 건물로 한눈에 봐도 기존 건물과의 조화가 일품입니다. 정식 이름은 메타버스와 라이브러리를 합한 메타브러리인데요, 현재 그 이상을 넘는다는 '메타(meta)'의 뜻처럼 가상현실(VR)과 증강현실(AR) 애플리케이션을 활용할 수 있는 공간으로 조성했다고 합니다. 외부인이 도서관에 들어갈 수 없다는 점은 아쉬운 부분입니다.

도서관 옆 실내빙상장과 양궁장을 지나니 곧 한체대 후문이 나옵니다. 후문을 따라 성내천 방향으로 걷자 오른편으로 서울체육중·고등학교가 보이네요. 한체대와 함께 일종의 체육 엘리트 클러스터의 느낌을 주는 조합입니다. 분야를 막론하고 비슷한 것끼리 모이면 시너지 효과가 큰 법이니까요.

올림픽의 흔적을 찾아서

성내천을 건너 서울올림픽의 경기장으로 활용된 공간을 찾아가 볼까요? 걷는 길을 기준으로 오른쪽으로는 올림픽수영장, 왼쪽으로는 KSPO DOME(케이에스포돔)입니다. 올림픽수영장이 1988년 올림픽을 치른 그 모습 그대로라면, 케이에스포돔은 옛 체조경기장을 리모델링한 곳입니다. 방탄소년단을 비롯한 글로벌 가수의 콘서트, e스포츠 대회 결승전 등이 열리는 대규모의 실내 공연장입니다.

멋들어진 돔 공연장을 한 바퀴 돌아 아직 옛 모습을 간직한 올림

올림픽체조경기장을 리모델링한 케이에스포돔은 대형 공연장으로 인기다.

픽핸드볼경기장 외관을 둘러보면서 잠시 유년 시절 마음을 들뜨게 만든 1988년 서울올림픽을 떠올려 보았습니다. 그 당시 초등학생이었던 제게는 서울올림픽의 마스코트인 호돌이 노트를 모으는 게 지상 과제였어요. 오래된 경기장 한구석을 지나다 보니, 어린 시절 어머니를 졸라 호돌이 노트를 모으던 뿌듯한 감정이 오랜만에 활활 피어오르는 기분입니다.

멀어져 가는 한체대를 뒤로하고, 각자 올림픽에 얽힌 추억을 되새기며 올림픽공원을 향해 걸어 봅시다. 올림픽공원의 랜드마크는 평화의광장에 우뚝 선 세계평화의문입니다. 유년 시절 다녀간 뒤 꽤 오랜만에 찾은 장소인데도, 워낙 미디어를 통해 자주 봤던 터라 익숙한 느낌이 듭니다. 세계평화의문은 평화를 상징하는 비둘기가 날개를 편 모양에 착안해 만든 것이라고 합니다. 이번에 다시 본 세계평화의문이 더 흥미롭게 다가온 이유는, 이 문을 설계한 사람이 건축가 김중업이기 때문입니다.

김중업은 대한민국의 1세대 건축가로 김수근과 함께 한국 현대건축을 이끈 거장으로 평가받는 인물입니다. 근대건축의 대부로 불리는 프랑스 건축가 르코르뷔지에(Le Corbusier)의 제자여서, 건축 관련 책을 읽으면 심심치 않게 그의 이름을 접할 수 있습니다. 귀에 익은 옛 노래처럼, 건축물은 추억을 소환하는 강력한 힘을 지닌 존재임을 세계평화의문 앞에서 다시 한번 확인할 수 있었습니다.

올림픽공원에서 만난 백제의 추억

평화의광장을 지나 몽촌호 앞에 서면 녹음이 우거진 야트막한 언덕이 눈에 들어옵니다. 서울 몽촌토성입니다. 걷는 동안 마주한 한성백제박물관, 8호선 몽촌토성역 등은 이곳의 뿌리가 삼국시대의 백제와 닿아 있음을 알려 줍니다.

국내 역사학계에서 고증한 바에 따르면 백제의 하남위례성, 다시 말해 당시 백제의 초기 왕성으로 기능하던 공간이 바로 오늘날 서울 풍납동 토성입니다. 하남위례성의 존재는 오랜 시간 문헌으로만 확

KSPO DOME에서 생각하는 건축의 이력서

케이에스포돔의 본래 이름은 올림픽체조경기장입니다. 건물의 이력을 들춰 보면 1988년 서울올림픽 이후의 활용처가 특히 눈길을 끕니다.

1990년대 농구대잔치 붐이 일었을 때 올림픽체조경기장은 결승전의 무대로 활용되었습니다. 대학가요제를 위한 대형 무대로 탈바꿈하기도 했고요. 한국을 찾은 유명 해외 가수의 공연장으로 쓰임은 물론, 글로벌 인기 가수 방탄소년단 등도 이곳에서 콘서트를 열었습니다. 2000년대 e스포츠 열풍이 불었을 때에는 이곳에서 스타크래프트 대회의 결승전이 치러지기도 했어요. 우리 현대사에서도 올림픽체조경기장은 의미 있는 공간입니다. 전국 각지의 당원을 모아 대통령 후보를 선출하는 전당대회 장소로도 자주 활용되었거든요. 올림픽체조경기장이 이렇듯 커다란 행사에 자주 활용된 까닭은 넉넉한 수용 인원 덕분입니다. 케이에스포돔으로 리모델링된 후 수용할 수 있는 현재 인원은 약 1만 5,000명 수준인데요, 이는 인천의 대형 공연장인 인스파이어아레나와 비슷한 수준입니다. 실내 야구장인 고척스카이돔과 견줄 정도로 대형 공연을 치를 수 있는 공연의 메카라는 겁니다. 참고로 경희대가 공연장으로 자주 대여하는 평화의전당은 4,500석 규모입니다. 케이에스포돔이 얼마나 큰 규모인지 실감이 되지요?

평화의광장을 지나 몽촌호수 앞에 서면 낮은 언덕처럼 보이는 몽촌토성을 바라볼 수 있다. 몽촌호수는 과거 성의 방어 역할을 하던 해자다.

인할 수 있었어요. 하지만 1925년 한강의 을축년 대홍수 때 풍납동 토성의 남서쪽 벽면이 떨어져 나가면서 드러난 여러 유물이 하남위례성의 존재를 세상에 알렸습니다. 이후 서울올림픽을 계기로 터 파기 공사가 한창이던 몽촌토성 일대에서도 대규모의 유물이 발굴되면서 북쪽으로 살짝 떨어진 풍납동 토성과 이곳 몽촌토성이 모두 백제의 왕성으로 기능했음을 확인할 수 있었습니다. 출토된 유물의 시기와 방사성탄소연대측정법을 토대로 풍납동 토성이 지어진 뒤 몽촌토성이 추가로 축조되어 상호 보완적으로 기능했음을 밝혀낸 것입니다.

1917년 일제강점기에 제작된 지도를 살펴보니, 역시 이렇다 할 토성의 흔적은 보이지 않습니다. 아직 풍납동 토성의 존재조차 알지 못하던 때이니 그럴 수밖에요. 제법 규모가 있는 토성을 그 당시에 어떻게 쌓았을까요?

궁금하다면 지질도를 들여다보아야 합니다. 흥미롭게도 두 지역은 전혀 다른 기반암 위에 놓여 있습니다. 몽촌토성은 수억 년 전에 만들어진 시·원생대 운모편암의 기반암 지역이고, 풍납동 토성은 신생대 제4기에 만들어진 퇴적암 홍적층이 기반암입니다. 두 토성은 하천 운반 물질이 쌓여 만들어진 주변 충적층과 뚜렷한 경계를 이루면서 각자 독립적인 존재감을 뽐내고 있습니다.

내친김에 파헤쳐 보는 한체대 주변의 공간 밑그림

변성암인 운모편암은 아주 오래전 탄생한 암석이 오랜 시간 동안 변화하는 과정에서 만들어집니다. 서울에서 운모편암의 자리는 대개 낮은 언덕으로 남아 있습니다. 건국대 캠퍼스와 어린이대공원 일대, 강남구 선정릉 일대는 모두 운모편암 지역이라서 야트막한 언덕을 이루고 있지요. 반면에 홍적층은 비교적 최근에 만들어진 퇴적암 지역입니다. 건국대 주변과 성수동 일대, 압구정 일대, 롯데월드가 있는 잠실역 일대는 모두 홍적층이 기반암인 지역이에요. 이들 기반암 지역은 모두 충분한 터 파기가 가능하고 인간의 거주지로서 충분한 자격을 갖춘 곳입니다.

퇴적암인 홍적층 위에 우뚝 선 채 한강이라는 천연 해자(성 주위에 둘러 판 못)를 두고 고구려와의 항쟁에 대비하는 풍납동 토성, 만일의 사태에 대비해 야트막한 후방의 언덕에 마련한 몽촌토성은 지리적으로 충분히 왕성의 조건을 갖추고 있습니다. 몽촌토성 주변의 몽촌호, 88호수, 성내천은 모두 성을 지키는 천연 해자인 셈입니다.

몽촌토성에서 충분히 시간을 보냈다면 다시 풍납동 토성을 향해 발걸음을 옮길 차례입니다. 한성백제왕도길을 따라 몽촌토성의 옛 자취를 밟으면 천천히 강동대로 방면으로 들어서게 됩니다. 낮은 언덕의 능선을 따라가다 보면 풍납동 토성의 남성벽 전망대에 다다르게 됩니다. 천연 해자를 떠올리게 하는 성내천을 건너 풍납동 토성을 향해 걷다 보니 마치 삼국시대로 거슬러 올라가는 듯합니다.

하지만 전망대에 도착하더라도 지나친 기대는 하지 않는 게 좋습니다. 풍납동 토성 성벽 너머로 빼곡하게 고개를 내민 아파트 숲이 공간의 역사를 가리고 서 있는 듯한 인상을 주기 때문입니다. 만약 1997년 아파트 건설 당시 유물이 발견되지 않았다면, 풍납동 토성은 흔적도 없이 사라졌을 겁니다. 그나마 불행 중 다행인 셈이지요.

한국체육대학교를 중심으로 몽촌토성과 올림픽아파트가 있고, 그 사이로 성내천과 감이천이 한강으로 흘러든다. 한체대 주변의 공간은 올림픽의 공간이자 잠실의 공간이 연장된 느낌을 준다. 한강 가까이에 있는 풍납동 토성은 성벽의 보완을 위해 흙을 높이 쌓아 올리는 구조를 보였다면, 운모편암 위에 올린 몽촌토성은 천연 해자를 두어 성곽의 기능을 연출한 것이 특징적이다. 잠실 롯데타운의 석촌 호수는 과거 한강의 물길이 흘렀던 흔적으로 남았다.

풍납동 토성에 앉아 맞추는 공간의 퍼즐

성벽에 앉아 여정을 정리해 볼까요? 1976년 출범한 한체대는 지금의 서울과학기술대학교 자리에서 1988년 서울올림픽 준비 기간인 1985년에 이곳으로 자리를 옮겼습니다. 올림픽아파트는 한체대 인근에서 눈에 띄는 건물 중 하나로, 한강의 지류인 성내천과 감이천이 합류하며 만들어 낸 평탄한 퇴적 지층 위에 세워졌습니다. 낮은 언덕

위 짙은 녹음 속에 있는 몽촌토성은 올림픽공원을 조성하던 중 유물이 발굴되면서 존재가 드러났으며, 토성을 최대한 보존해 지금의 공원으로 재단장했지요. 이와는 달리 한강 주변 평지에 쌓은 풍납동 토성은 서울의 도시화가 진행되는 과정에서 제대로 된 보호를 받지 못해 보존 상태가 좋지 않은 채로 오늘에 이르렀습니다.

여기에는 도시화의 역설이 있습니다. 저지대에 위치했던 풍납동 토성은 개발이 상대적으로 빨리 진행되었지만, 그러다 보니 형태를 보존하지 못하게 된 것입니다. 한편 한발 물러나 있던 몽촌토성은 올림픽을 등에 업고 체계적인 개발이 이루어진 결과 지금의 모습으로 남게 되었습니다.

풍납동 토성의 위치는 예나 지금이나 한강의 본류 곁입니다. 여름 홍수에 빈번히 노출되면서도 약 2,000년의 세월 동안 그 자리를 지켜 온 것이지요. 수백 년 동안 조금씩 성을 보수하면서 쌓아 올렸을 옛사람들의 처절한 노력이 느껴지는 공간입니다.

대학이 곧 브랜드,
우유와 두유 열전

    대학교와 우유라니, 생각해 보면 어색한 조합 같지 않나요? 하지만 다들 알다시피 몇몇 대학은 꽤 오랜 시간 동안 우유를 만들어 왔습니다. 귀에 가장 익은 건 연세우유, 건국우유입니다. 연세우유는 연세유업에서, 건국우유는 건국유업에서 각각 다양한 유제품을 만들고 있죠. 대학 우유계의 양대 산맥인 두 우유는 비슷한 시기에 만들어졌습니다. 연세유업은 1962년 미국에서 젖소 열 마리를 들인 것에서 시작했고, 건국유업은 국내 최초로 축산대학을 설립

함과 동시에 1964년 우유 실습장을 만들면서 우유 사업에 발을 들였습니다.

연세유업의 설립 취지는 숭고합니다. 연세유업은 6·25전쟁 후 황폐해진 국토와 국가 기반을 되살리기 위해 낙농업에 관심을 둔 박병호 박사의 노력으로 시작되었거든요. 지금으로선 상상하기 힘들지만, 당시 연세대학교 신촌캠퍼스 주변으로 넓은 목초지가 조성된 건 그 때문입니다. 1972년 연세우유가 본격적으로 브랜딩에 성공하면서 오늘날에는 100여 개의 목장을 운영하고 있죠. 건국유업도 마찬가지로 충청북도 충주와 음성, 경기도 파주 등지에 목장을 만들어 다양한 유제품을 만들고 있습니다.

연세우유와 건국우유에 견줄 수 있는 역사성을 지닌 또 다른 제품은 삼육두유입니다. 삼육두유를 만드는 삼육식품은 삼육대학교와 재단이 같아요. 삼육식품은 1982년부터 고소한 삼육두유를 만들면서 정식품의 '베지밀'과 함께 국내에서 가장 유명한 두유 반열에 올랐습니다. 그런데요, 최근에는 우유와 두유처럼 대학의 휘장 및 브랜드를 활용한 제품이 속속 생겨나고 있습니다. 서울대학교 약콩두유가 대표적입니다.

서울대학교 약콩두유는 이름 그대로 쥐눈이콩을 원료로 만듭니다. 쥐눈이콩은 검은콩의 일종인 약콩과 같은 말이에요. 쥐눈이콩이 노화에서 오는 기억력 감퇴를 억제한다는 효능이 알려지면서 콩으로 만드는 두유 업계에도 쥐눈이콩 열풍이 불었던 거죠. 서울대학교 휘장이 들어간 약콩두유는 서울대학교 법인이 최대 지분을 소유한 밥스누라는 회사에서 만들고 있어요. 약콩두유는 서울대학교 식의 학유전체 연구실에서 식물 기능성 성분을 개발하여 두유에 적용한 제품입니다.

    대학 우유에 관한 이야기를 하다 보니, 최근 편의점에서 인기몰이를 한 '연대빵'과 '고대빵'도 떠오릅니다. 이 제품들은 대학이 편의점과 제휴하여 브랜드를 십분 활용한 사례이지요. 흥미롭게도 최근 통계에 따르면 같은 편의점에 진열되어 있더라도 연대빵은 신촌에서, 고대빵은 안암에서 월등한 매출을 보인다고 합니다. 연세대학교와 고려대학교 학생들이 브랜드 제품에서도 충성 경쟁을 하는 양상이 재미있어 보이지 않나요?

세계에서 가장 신자 수가 많은 종교를 순서대로 나열하면 기독교, 이슬람교, 힌두교, 불교 순서입니다. 이 가운데 주로 인도 주변 지역에 국한된 힌두교를 제외한 나머지 세 종교를 보편적으로 널리 믿는다고 하여 세계 3대 종교라고 부르기도 하고요. 그렇다면 우리나라는 어떨까요? 우리나라에서 가장 신자 수가 많은 종교는 개신교, 불교, 가톨릭교 순입니다. 여기서 개신교와 가톨릭교는 모두 기독교에 해당하니 기독교, 불교 순으로 많다고 생각해도 되겠습니다.

사람들의 영적인 믿음을 지도하는 종교계는 예로부터 대학의 설립을 지원하고 이끌어 왔습니다. 우리나라 또한 예외는 아니라서, 이른바 종교의 교리를 바탕으로 건립된 종립대학교가 제법 많습니다. 이름을 듣는 순간 단번에 알아들을 수 있는 감리교신학대학교, 원불교대학교, 성공회대학교, 가톨릭대학교 등도 있고, 이름만으로는 감을 잡기 힘든 숭실대학교, 명지대학교, 계명대학교, 배재대학교, 한동대학교 등도 실은 종립대학교입니다. 시야를 좁혀 서울 소재의 대학으로 한정한다면 불교 재단이 운영하는 동국대학교, 가톨릭교 재단이 운영하는 서강대학교와 가톨릭대학교 등이 눈에 띕니다. 뚜렷한 신자 수를 파악하기 어렵지만 우리 문화의 한 축을 형성하는 유교의 색채가 남은 성균관대학교도 이색적이지요.

종립대학교는 종교계에서 설립하고 운영하지만, 교육부의 인가를 받아야 합니다. 조선 후기 선교 활동을 위해 한반도에 발을 들인 기독교는 교육을 목적으로 다양한 종교 학교를 만들면서 중등교육과 대학 교육을 병행하는 경우가 많았어요. 이에 발맞춰 불교계에서도 근대식 학교 교육에 뛰어들면서 주요 종립대학교가 꼴을 갖추어 나갔습니다.

종교와 관련된 교육기관은 아무래도 국공립이 아닌 사립학교의 형태를 취하고 있는데요, 놀라운 건 우리나라 사립대학의 약 85퍼센트를 종교와 연관이 있는 재단에서 운영하고 있다는 점입니다. 이를테면 세브란스병원이 있는 연세대학교, 감리교와 관련이 있어 종교학과가 별도로 있는 이화여자대학교 등도 종립대학은 아니지만 종교의 영향을 받은 대표적인 대학들입니다.

그런 면에서 주목할 건 성균관대학교의 정체성입니다. 성균관대학교의 뿌리는 조선시대 유생을 가르치던 성균관입니다. 지금도 성균관대에는 공자를 비롯한 성현이 모셔진 유교 사당 문묘가 있죠. 하지만 성균관대는 스스로 종립대학교가 아님을 강조합니다. 유교와 관련된 시설 등은 종교적 장소라기보다는 역사 유적으로 간주하며, 유교를 동아시아의 학문 중 하나라고 보거든요. 유교의 사상이나 철학을 강하게 내세우는 분위기도 아니니 성균관대학교를 엄밀한 기준에서 종립대학교로 보기엔 무리가 있습니다. 하지만 그럼에도 성균관대는 국내에서 유일하게 공자의 위패를 모시고 있는 대학이자, 유학(儒學)대학이 설치된 거의 유일한 대학으로서 유교의 흔적을 찾아볼 수 있는 흥미로운 공간이랍니다.

충무로 일대를 훑으며
불교의 향기를 맡다
동국대학교

주말 아침, 수도권 지하철 3호선 동대입구역의 플랫폼은 다소 한산합니다. 동대입구역은 두 개의 환승역 사이에 끼어 있거든요. 약수역은 3호선과 6호선이 교차하는 역이고, 충무로역은 3호선과 4호선이 만나는 역입니다. 동대입구역의 일일 평균 승하차 인원을 살펴볼까요? 동대입구역은 2023년 기준 하루에 약 2만 명 정도의 인원이 이용했는데, 이는 같은 기간 충무로역의 약 5만 5,000명, 약수역의 약 3만 2,000명보다는 확실히 적은 수치입니다. 그도 그럴 것이 동대입구역과 두 역 간 거리는 각각 1킬로미터 내외로 꽤 가깝습니다. 이름은 동대입구역이지만 실제 동국대학교 학생들은 충무로역도 많이 이용할 것 같습니다.

동국대에서 가장 가까운 출구는 6번 출구입니다. 그런데 잠깐, 동대입구역 주변 동네의 이름값이 만만치 않습니다. 바로 장충동(獎忠洞)입니다. 족발과 체육관이 곧장 떠오르는 지명이지요. 동대입구역 3번 출구는 장충동 족발골목으로, 5번 출구는 장충체육관으로 이어집니다. 동국대 정문으로 출발하더라도 어차피 6번 출구와 이어진 장충단공원을 지나지 않으면 안 되니, 본격적인 대학 답사 전에 그 유명한 장충동 족발골목부터 걸어 보는 것이 좋겠습니다. 대학교 지리 여행을 장충동 족발골목에서 시작한다는 게 외려 신선하게 느껴지네요.

장충족발과 장충체육관 그리고 장충단공원

여러분은 족발을 언제 처음 먹어 보았나요? 아마 생김새와 향기가 꺼려져 입에 대 보지도 않은 친구들도 있을 겁니다. 저도 어렸을 땐 그랬거든요. 대학에 진학한 뒤에야 족발의 맛을 깨달았지요. 족발은 역시 장충족발이라는 사실도요.

전국 어디를 가더라도 '장충'이라는 단어가 쓰인 족발 가게 간판을 어렵지 않게 볼 수 있습니다. 마치 전주비빔밥 식당을 전국 어디서나 볼 수 있는 것처럼요. 오늘 투어의 장소인 장충동이 그 유명한

장충체육관 전경

 장충족발의 본거지라니, 신기하지 않나요? 길가에서 마주친 여러 족발집 간판에는 '시조(始祖)', '원조(元祖)'라는 단어와 '할머니'가 유독 많습니다. 하지만 더 눈길을 잡아끄는 건 족발집 상호에 쓰인 '평남'이라는 지명입니다. 평남은 평안남도를 뜻하는데, 여기서 처음 족발 가게를 연 할머니가 이북 출신인 걸까요? '원조 위에 시조'라는 간판이 붙은 '뚱뚱이할머니집' 족발 가게 앞에서 관련 자료를 찾아보았습니다. 역시나 족발은 1960년대 이 일대에 정착한 실향민이 이북의 '돼지족조림'을 만들어 판 것이 시작이라고 합니다.

 길 건너에 보이는 장충체육관도 장충족발의 부흥에 일조했다고 합니다. 1963년 문을 연 장충체육관은 당시로서는 최대의 체육 시설이었습니다. 국민적 인기를 끈 '김일의 박치기'로 대변되는 프로레슬링, 권투, 농구 등 유명 스포츠 행사가 이곳에서 열렸죠. 장충체육관에서 한바탕 응원을 마친 관중들이 길 건너 장충족발 가게에 삼삼오오 모여 술안주로 족발을 곁들인 덕에 장충족발의 성장세가 더욱 도드라졌다는 설명은 충분히 수긍할 만합니다. 그도 그럴 것이 장충체육관은 1986년 제10회 아시안게임과 1988년 제24회 서울올림픽을 치르기 위해 서울 잠실동에 대규모 체육 시설을 만들기 전까지 서울에서 가장 큰 실내 경기장이었거든요. 그 전까지 어지간한 대형 이벤트는 장충체육관이 감당한 것입니다. 장충족발과 장충체육관의 컬래버레이션이 흥미로운 공간의 이야기로 다가옵니다.

족발골목에서 발길을 돌려 6번 출구를 지나 녹음이 짙은 장충단공원에 들어서면, '장충단, 기억의 공간' 전시실이 보입니다. 장충단공원의 유래와 역사적 의의를 소개하는 공간입니다. 장충단은 1895년 명성황후가 살해된 을미사변 때 순국한 충신·열사를 기리는 사당이었습니다. 서울 국립현충원이 지어진 게 1956년이니, 어떻게 보면 최초의 현충원이라 봐도 되겠습니다. 장충단에 부여된 남다른 공간의 의미는 일제강점기 때 공원으로 변형되면서 크게 퇴색했습니다. 장충단공원이라는 이름 대신 옛 공간의 의미를 어필할 수 있는 '장충단'이 더 낫겠다는 생각이 들기도 합니다.

장충단비를 비롯해 이준, 이한응, 유관순 등 애국지사의 동상을 둘러보았다면, 과거 청계천을 콘크리트로 덮기 전에 옮겨 온 수표교

장충단터와 장충단비. 장충단은 명성황후가 살해된 을미사변 후 고종이 명성황후를 보호하려다 죽음을 맞은 두 사람의 충정과 군졸의 혼을 기리기 위해 마련한 제단이다.

를 걸어 볼까요? 치열한 도시화의 흐름 속에서 콘크리트로 덮였던 청계천의 물길은 도시환경 개선이라는 명분으로 되살아났습니다. 수표교의 폭과 길이를 보니, 자동차와 사람이 무수히 오가는 지금의 청계천 다리와는 견주기 힘들 정도로 작아 보입니다. 청계천 사업 이후 수표교가 제자리로 돌아갈 수 없는 까닭입니다. 수표교를 건넜다면 이제 동국대 정문으로 향할 차례입니다.

수표교는 본디 청계천에 있던 다리였으나 1958년 복개 공사로 이곳 장충단공원으로 옮겨졌다. 청계천이 다시 세상에 모습을 드러낼 때 옮기려 했지만, 폭이 맞지 않아 옮기지 못한 것이 아쉬움으로 남았다.

대한불교조계종과 동국대학교

장충단공원을 끼고 돌면 저 멀리 동국대 정문이 보입니다. 정문까지 이어지던 보도블록이 어느새 차에 길을 내주고 좁은 샛길로 이어집니다. 사람보다 차량이 주로 오가는 문처럼 보이네요. 그러고 보니 정문으로 걸어오는 길에 사람을 한 명도 만나지 못했습니다. 도로를 따라 끝까지 가 볼까요? 이어지는 언덕을 따라 오르면 광활한 대운동장이 모습을 드러냅니다. 대운동장의 스탠드에 앉아 투어 코스를 한 번 점검해 보겠습니다. 동국대 캠퍼스는 명진관을 중심으로 해서 좌우로 균형감 있게 펼쳐져 있습니다. 우선 대운동장과 가까운 정각원(正覺院)을 기점으로 삼아 공간을 돌아봅시다.

정각원은 법당입니다. 법당은 사찰에서 부처님을 모시는 불교 건축물이지요. 정각원이 왜 이곳에 있는지는 금방 알아낼 수 있습니다. 동국대 재단은 국내 불교 최대 종파인 대한불교조계종입니다. 구한말 불교연구회가 세운 명진학교가 일제강점기를 거쳐 1946년 동국대학으로, 나아가 1953년 종합대학인 동국대학교로 진화한 것이죠. 불교 정신을 바탕으로 학문을 연마하고 인격을 수양해 불가의 지혜와 자비를 실천하는 인재를 양성하는 것! 동국대가 추구하는 인재상은 불교 재단에서 운영하는 대학답게 뚜렷합니다.

한편 정각원이 과거 경희궁의 정전(正殿)인 숭정전이라는 사실도 흥미로워요. 경희궁은 일제강점기에 완전히 해체돼 일본인 자제를 위한 경성중학교로 탈바꿈했고, 그 당시 경희궁이 해체되는 과정에서 숭정전을 살려 지금의 자리로 이전한 것입니다. 신하들이 왕에게 의례를 올리던 곳이 불교대학의 법당으로 변한 것은 상당히 이례적인 경우입니다. 오늘날 복원된 경희궁 숭정전과 옛 숭정전인 정각원의 모습을 비교하니 일란성쌍둥이처럼 닮아 있습니다. 하긴 두 건축물이 다른 모습일 수는 없겠지요.

이해랑예술극장

동국대의 뿌리 공간에서 만난 불교의 색채

정각원을 끼고 좁은 골목을 돌면 경영관, 사회과학관, 혜화관 등 인문대학 중심의 건물이 옹기종기 모여 있습니다. 깔끔하게 정돈된 보도블록을 따라가면 학술관과 이해랑예술극장의 모습이 보이네요. 이해랑은 사람 이름일까요? 네, 맞습니다. 이해랑은 20세기 한국 연극에 큰 획을 그은 인물입니다. 잘 알려져 있다시피 동국대는 연극학부가 유명하지요? 1960년 창설한 뿌리 깊은 학과입니다. 이해랑은

팔정도광장에는 불상을 모신 탑이 상징적이다. 불상 뒤로 동국대학교 본관인 석조 건물 명진관이 좌우 대칭으로 펼쳐져 있다.

동국대 연극영화과에서 오랜 기간 교수로 지내며 제자들을 가르치기도 했습니다. 유서 깊은 연극학부의 대학 예술극장에서 선배의 발자취를 기리는 것이지요.

그만 발길을 돌리려니 저 멀리 문이 보입니다. 잠시 내려가 볼까요? 기와를 올려 깔끔하게 정돈한 혜화문(중문)입니다. 혜화문 사이로 오가는 사람이 제법 많습니다. 정문보다는 혜화문이 실질적으로 동국대를 대표하는 문인 듯합니다. 혜화관 사이를 따라 좁은 골목을 오르면 건물 외벽에 커다란 게시판이 줄지어 붙어 있는 것을 볼 수 있습니다. 게시판은 당연히 오가는 사람이 많은 곳에 설치할 테니, 혜화문이 유동 인구가 많은 문이라는 방증이기도 합니다. 그런데도 왜 혜화문은 정문이 되지 못했을까요? 차량이 주로 통행하는 정문 도로는 대학의 중심 건물인 본관으로 바로 연결되는 구조거든요.

좁은 골목과 가파른 계단을 따라 계속 걸어 봅시다. 법학관 건물을 끼고 나오면 본관, 명진관, 만해관, 다향관이 둘러싼 넓은 광장이 우리를 반겨 줍니다. 이곳이 바로 동국대의 뿌리 공간일 테지요. 건물의 이름에서부터 불교 색채가 강하게 풍기는 듯합니다.

단아한 석조 건물인 명진관은 동국대가 명륜동에서 지금의 위치로 자리를 옮긴 뒤 1958년에 가장 먼저 지어졌습니다. 영국풍의 고딕 양식 건축물인 명진관은 국가등록문화유산으로 지정될 만큼 존재감이 두드러집니다. '명진(明進)'이라는 이름은 물론 동국대의 전신인 명진학교에서 유래한 것이지요. 덕을 밝혀 올바른 도를 수양한다는 뜻을 담은 건물이라 예스럽고 단아한 느낌을 줍니다. 승려이자 독립운동가인 만해 한용운의 호를 딴 만해관도 그렇습니다(만해는 명진학교 1회 졸업생입니다). 다향관을 보는 순간 템플스테이에 얽힌 좋은 추억이 떠올랐습니다. 충남 공주의 사찰 마곡사에서 템플스테이를 해 본 적이 있거든요. 스님과 둘러앉아 담소를 나누며 마신 향기로운 차 한 잔이 심신을 안정시켜 주었던 좋은 기억으로 남아 있습니다.

중앙 광장의 이름은 팔정도(八正道)입니다. 팔정도, 즉 여덟 갈래의 길은 불교에서 열반의 세계로 가기 위한 여덟 가지 수행 방법을 가리킵니다. 팔정도는 집착과 욕망을 완전히 소멸하여 열반에 이른 석

팔정도광장의 코끼리상

가모니의 가르침을 좇는 수행이지요. 팔정도광장의 가운데는 부처님 성상과 보현보살 코끼리상이 있습니다. 부처님의 생모 마야부인의 태몽에 등장했다고 알려져 있는 흰 코끼리는 지혜와 복덕을 갖춘 신령한 동물로 여겨집니다.

남산과 한 몸인 동국대 캠퍼스

팔정도광장 뒤로는 서울의 랜드마크인 남산타워를 볼 수 있습니다. 그러고 보니 동국대 캠퍼스는 남산이 포근하게 감싸는 산허리에

명배우의 요람, 동국대 연극영화과

대학가 이모저모

동국대학교 연극영화과는 한국 영화계에서 높은 인지도를 자랑하는 훌륭한 배우들의 요람입니다. 이곳 출신의 유명 배우는 일일이 열거하기 힘들 정도로 많죠. 그래도 몇 명을 꼽자면 남성으로는 국민 배우 최민식, 한석규와 국민 MC 이경규 등이 있어요. 여성으로는 고현정, 전지현, 신민아, 한효주 등 연기력과 매력을 겸비한 시대의 아이콘이 상당히 많고요. 그런 덕에 연기를 꿈꾸는 학생에게 '동대 연영과'는 꿈의 학교로 통합니다. 동국대학교 연극영화과는 2000년을 기점으로 연극학부와 영상영화학과로 분리하여 신입생을 모집합니다.

동국대학교 캠퍼스를 거닐면 만나는 이해랑예술극장은 연기면 연기, 연출과 연극 분야에서 남다른 능력으로 분야를 개척한 이해랑 선생을 기리기 위한 공간입니다. 고밀화된 서울에서 넓은 캠퍼스 부지에 있는 다양한 크기의 문화 예술 공연장은 쓰임새가 다양합니다. 연극학부의 졸업 공연 무대가 되기도 하고, 교외의 여러 문화 행사에도 활용할 수 있으니까요.

있어요. 동국대의 자리는 사찰의 입지 조건과 맞아떨어집니다. 사찰은 높든 낮든 산기슭의 조망 좋은 입지, 속세에서 한발 물러선 자리를 좋아합니다. 동국대가 남산 자락에 올라앉은 이유도 비슷하겠지요. 명진학교처럼 큰 사찰은 주로 산록대라고 불리는 입지에 자리 잡

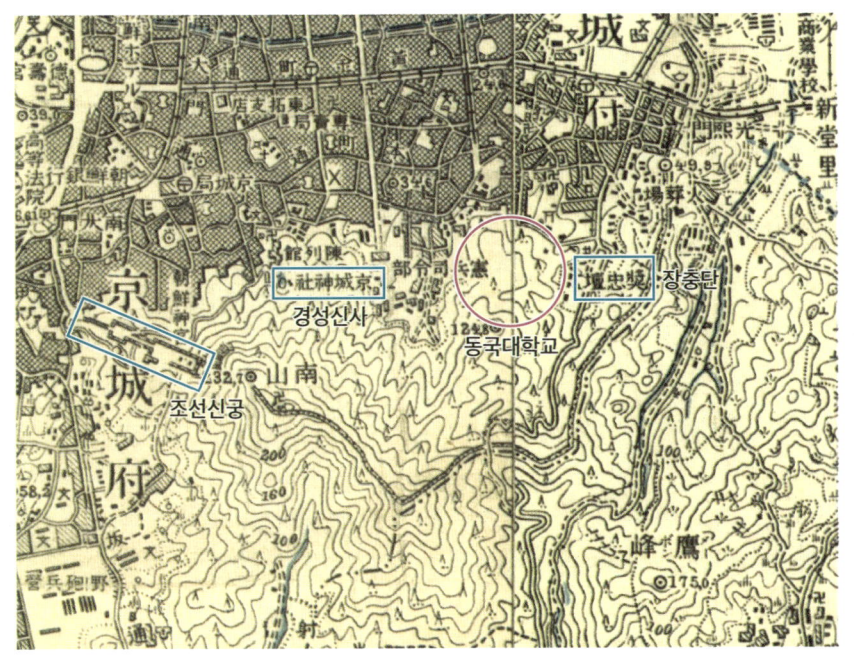

일제강점기에 제작된 지도를 보면 상대적으로 등고선의 간격이 넓은 완만한 산록대를 따라 동국대 캠퍼스가 조성되었음을 알 수 있다. 장충단에서 남산을 넘어 반대편에는 마찬가지로 주변을 내려다보기 좋은 산록대의 자리에 조선신궁, 경성신사 등이 공간적 신성성을 연출하기 위해 들어섰음을 알 수 있다.

는데, 산록대는 산 정상부에서 내려와 경사가 완만해지는 평탄한 지형을 말합니다. 일제강점기 때 제작한 지도를 보면 이러한 흐름을 실제로 확인할 수 있습니다. 산록대에 먼저 장충단이 들어섰고, 뒤이어 너른 자리에 명진학교가 들어선 흐름이지요.

이곳은 남산 주변을 훑기에 좋은 장소입니다. 한편 맞은편 산록대에는 1945년까지 일본식 신사인 조선신궁이 있었다고 합니다. 조선

동국대 인근 항공뷰 지도

 신궁의 자리는 현 백범광장에서 한양도성유적전시관에 해당하는 산록대를 깎아 만든 곳입니다. 동국대 팔정도광장과 조선신궁은 모두 종교와 관련이 깊은 건물입니다. 종교 건물이 서울의 사대문을 두루 굽어볼 수 있는 산허리에 올라앉은 것은 신성성을 부여하기 위한 공간 조형의 원리를 반영하는 것입니다. 문득 고려대의 개운사가 머리를 스쳐 갑니다. 개운산의 골짜기를 깊숙하게 파고든 개운사는 결국 고려대 캠퍼스를 둘로 나눠 독특한 생김새를 갖게 했거든요. 천장산 자락에 있는 경희대와 연화사의 관계도 비슷한 공간의 맥락입니다.
 이쯤에서 지질도를 한번 펼쳐 볼까요? 동국대·고려대·경희대 세대학의 기반암은 모두 화강암입니다. 화강암의 공간인 탓인지 세 대학의 대표 건물은 모두 석조 건물이지요. 남산의 기반암은 특히 흥미롭습니다. 남산의 절반은 시·원생대의 변성암, 나머지 절반은 중생대 화강암이거든요. 백범광장 근방의 후암동·이태원동 일대는 변성암이고 동국대가 있는 장충동·필동 일대는 화강암입니다. 남산타워가 있는 변성암 지역은 나무가 빼곡하고 숲이 울창한 느낌을 주는 반면, 동국대가 위치한 화강암 지역은 돌이 많고 다소 거친 느낌을 주지요. 이는 모두 공간의 뿌리인 기반암의 영향입니다. 남산1호터널의 7할이 화강암 기반암을 지난다는 점도 재미있는 사실입니다. 화강암은 암반이 치밀하고 단단해 터널 공사를 하는 데 제격이니까요.

지도를 접기 전에 6호선 버티고개역의 자리도 잠깐 살펴보겠습니다. 버티고개역은 동국대의 자리와 비슷한 조건에 있거든요. 산허리의 높은 지하철역이라면 승강장의 깊이가 꽤 깊겠지요? 실제로 버티고개역의 깊이는 약 46미터에 달해 6호선 역 가운데 가장 깊답니다.

돌아갈 때는 후문의 충무로역으로

본관 옆 중앙도서관과 신공학관, 원흥관 등을 차례로 둘러본 뒤 만해광장을 거쳐 후문으로 나가 보겠습니다. 빼곡하게 들어선 자리에 높게 올려 세운 건물은 확장의 한계를 가진 서울의 여느 대학과

1960년대 대한극장의 모습. 할리우드 대작 영화로 유명한 〈벤허〉(1959)가 한국에서 최초 상영된 극장이기도 하다.

크게 다르지 않은 모습입니다. 만해광장은 노천극장과 체육 시설을 겸비한 다용도의 공간입니다. 학림관과 체육관을 한 바퀴 돌아 학생회관을 따라 내려가니 후문이 나옵니다. 후문 앞으로 깔끔하게 단장된 길을 따라 프랜차이즈 상점이 이어져 있지요. 이곳이 바로 동국대와 충무로역이 연결된 최대 상권임을 단번에 느낄 수 있을 정도로 상점이 즐비합니다.

한 블록을 걸어 대로변에 나가면 서애로입니다. 깔끔하게 블록으로 마감한 일방통행로를 따라 각자의 개성을 뽐내는 다양한 상점이 손님을 잡아끌고 있습니다. 골목 끝 어귀에서는 평양냉면을 먹기 위해 사람들이 줄을 서 있는 모습을 볼 수 있습니다. 서울 3대 평양냉면 가운데 하나로 꼽히는 필동면옥이 이곳에 있거든요. 필동면옥을 중심으로 불규칙하게 뻗은 좁고 넓은 골목길을 보고 있노라면, 이곳이 오랜 역사성을 지닌 공간임을 새삼 느끼게 됩니다. 가로망이 불규칙하고 자연발생적인 느낌을 주는 장소는 십중팔구 오랜 기간 사람들의 이야기가 쌓여 온 공간이지요. 격자형 또는 방사형으로 시원하게 뻗은 도로에서는 느낄 수 없는 골목의 이야기가 곳곳에 숨어 있을지도 모르니, 주의 깊게 살펴봐야 합니다.

충무로역으로 향하는 길에는 대한극장을 들르지 않을 수 없습니다. 대한극장은 1950년 이후 한국 영화 산업을 이끌어 온 충무로의 상징 같은 장소입니다. 1958년 개관한 대한극장은 〈사운드 오브 뮤직〉(1965) 같은 해외 명작과 국내 주요 작품을 상영하던, 한국 토박이 영화관의 대표였지요. 2001년 시대의 흐름에 발맞춰 지금과 같은 멀티플렉스 건물로 증축하여 명맥을 이었지만, 아쉽게도 2024년 9월 30일을 끝으로 영업을 마감했습니다. 영화 산업의 메카 역할을 한 충무로의 기능 역시 1980년대 가정용 텔레비전이 보급되며 급속히 쇠락했고요. 증축을 마친 지 얼마 되지 않아 세련됨이 묻어났던 대한극장을 둘러싼 소중한 추억을 지닌 사람은 저뿐만이 아닐 겁니다. 모든 순간은 추억이 되기 마련이지만, 그래도 남다른 추억이 깃든 장소가 사라졌다니 큰 아쉬움이 남습니다.

08

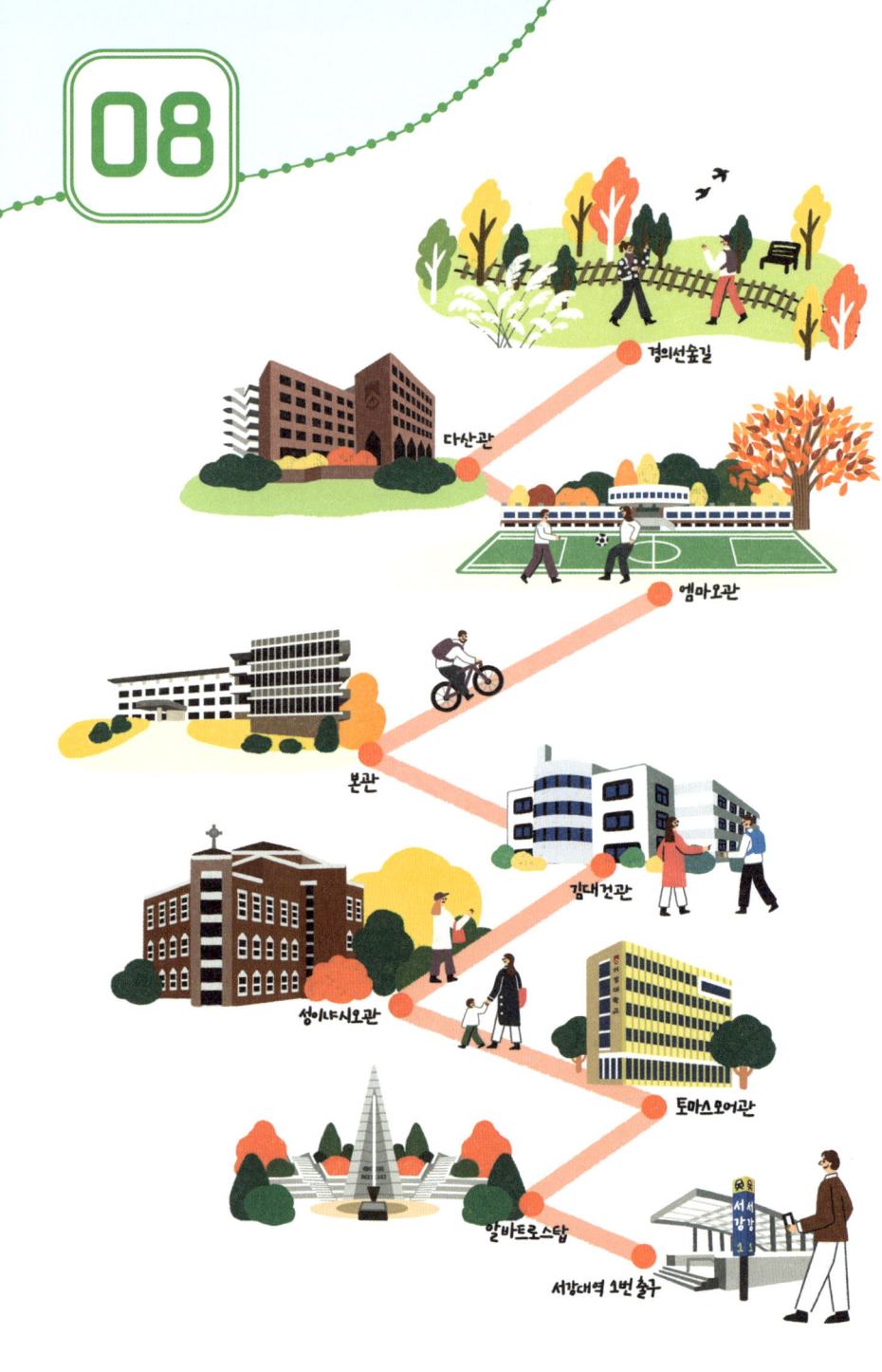

붉은 벽돌에 담긴
아늑한 건축의 역사
서강대학교

이 세상에서 가장 몸집이 큰 새는 뭘까요? 타조입니다. 타조는 조류이지만 날지는 못하지요. 날개의 필요성이 낮아져 퇴화한 탓입니다. 그렇다면 질문을 바꿔, 날아다니는 새 가운데 가장 큰 새는 뭘까요? 정답은 앨버트로스입니다. 날개를 편 앨버트로스의 몸 길이는 3미터에 이릅니다. 큰 날개는 짧은 거리를 재빠르게 이동하기보다는 먼 거리를 수평비행 하는 데 유리합니다. 앨버트로스는 높은 곳에서 넓은 공간을 바라보며 긴 호흡으로 세계를 누비는 새입니다. 서강대학교가 앨버트로스를 상징 동물로 삼은 이유이지요.

서강대는 수도권 지하철 경의중앙선의 서강대역과 6호선 대흥(서강대앞)역에서 가깝습니다. 이런 경우에는 정문과 근접한 역을 택하는 게 좋습니다. 정문과의 거리는 경의중앙선 서강대역이 더 가까워요. 경의중앙선 서강대역의 출구는 단 두 개입니다. 이 가운데 서강대와 가까운 곳은 1번 출구이고요. 1번 출구로 나가 깔끔하게 단장한 보도를 걷다 보면 이내 서강대 정문에 도착합니다. 작고 아담한 정문 사이로 시야에 들어오는 서강대 캠퍼스는 포근한 첫인상을 줍니다.

로마가톨릭교가 세운 서강대

정문을 통과하면 눈앞에 바로 알바트로스탑이 보입니다. 하늘을 향해 뾰족하게 솟은 탑을 중심으로 세 갈래 길이 나 있어요. 어느 길로 가도 본관으로 이어지므로 일단 가장 왼쪽 길을 걸어 봅시다. 처음으로 마주하게 되는 건물은 토마스모어관입니다. 토마스 모어(Thomas More)는 『유토피아』(1516)의 저술가로 널리 알려져 있지요. 서강대의 토마스모어관은 옛 사법고시, 행정고시, 외무고시, 공인회계사 시험, 변리사 시험 등 전문직 고시 준비를 위해 지은 건물입니다. 아마도 유토피아 건설에 앞장설 유능하고 청렴한 공직자를 양성하고자 모어의 이름을 빌린 게 아닌가 싶습니다.

토마스모어관을 지나니 금호아시아나바오로경영관, 삼성가브리엘관, 마태오관이 차례로 눈에 들어옵니다. 공간을 빼곡히 메운 좁은

알바트로스탑 전경

골목 사이를 헤치고 지나면 이내 성모마리아상이 나타납니다. 이곳이 성이냐시오관(성당)입니다. 여러 건물의 이름과 성당의 존재는 이곳이 가톨릭교 기반의 학교임을 확실하게 보여 줍니다. 빨간 벽돌로 단정하게 마감된 성당 외벽도 유독 눈에 띄네요.

서강대의 출발은 1960년입니다. 서강대는 대한민국의 로마가톨릭교 소속 예수회 신부 테오도르 게페르트(Theodor Geppert)가 주도하여 설립했고 6개 학과, 158명의 신입생으로 개교했습니다. 설립 당시의 6개 학과는 이른바 문사철(文史哲) 계열로 구성되어 있었습니다. 영어영문학과·사학과·철학과와 순수 이공계열인 수학과·물리학과, 사회과학계열인 경제학과가 서강대의 시작이었죠. 미국 리버럴아츠칼

최초의 천주교 사제 김대건 신부가 탄생한 솔뫼성지 전경(충청남도 당진)

리지(liberal arts college, 인문학·사회과학·자연과학을 중점적으로 배우는 학부 중심의 4년제 대학)를 모델로 삼아 학과를 정했다고 하니, 서강대가 추구하는 인재상을 미루어 짐작할 수 있겠습니다. 출범 당시엔 종합대학보다 단과대학의 성격이 짙던 셈이지요. 이후 1969년 종합대학으로 승격이 이뤄지면서 서강대는 지금의 모습을 갖추게 되었습니다.

　서강대의 출발과 성장 과정을 알았으니 다시 캠퍼스 지도를 펼쳐 봅시다. 게페르트, 로욜라 등의 이름이 더는 낯설게 느껴지지 않습니다. 서양식 이름들 가운데 한국식 이름의 건물인 김대건관이 유독 눈길을 끕니다. 김대건 신부는 한국 최초의 가톨릭 사제예요. 잠깐 캠퍼스를 벗어나 김대건 신부가 태어난 충청남도 이야기를 해 보겠습니다. 1820년대 당시 조선의 천주교 신자 가운데 상당수는 충청도에

한국에서 가장 아름다운 공세리성당의 지리적 비밀

대한민국을 대표하는 가장 아름다운 성당. 한국관광공사가 공세리성당에 붙인 수식어입니다. 미사여구는 대부분 실제보다 과장되기 마련이지만, 공세리성당에 가 본 사람이라면 충분히 수긍할 수 있는 수식어입니다. 그런데, 공세리성당의 아름다움은 단순히 건축적 조형미로만 설명할 수 없습니다. 무슨 뜻일까요? 공세리성당은 서해에서 이어지는 아산만을 따라 안성천과 삽교천이 만나는 끄트머리의 작은 언덕 위에 있습니다. 일제강점기에 제작된 지도를 보면 이제 막 바다 쪽에 제방을 쌓아 농경지를 만든 흔적, 다시 말해 간척 농지를 확인할 수 있어요. 이는 공세리성당이 간척 전에는 밀물과 썰물에 따른 바닷물의 영향을 받는 곳에 있었다는 뜻이지요. 앞으로는 넓은 바다를 향해 열려 있고 양옆으로는 안성천과 삽교천이 만나는, 남다른 개방감을 선사하는 자리가 바로 공세리성당의 입지입니다.

1890년에 만들어진 고딕 양식의 아름다운 벽돌 건축물과 가톨릭 박해의 역사, 순교자를 기리는 다양한 구조물은 성당의 전체적인 느낌을 경건하게 만듭니다. 나아가 성당 뒤편에서 바라보는 탁 트인 주변 공간은 답답한 마음을 한순간에 녹이는 묘한 감정을 불러일으키지요. 백 년이 훌쩍 넘은 아름드리 나무 사이로 보이는 빨간 벽돌 건축과 드넓은 주변 풍경은 공세리성당의 아름다움을 배가하는 지리적 입지에서 비롯한 것이랍니다.

살았습니다. 배가 내륙 깊숙한 곳까지 들어올 수 있는 지리적 조건이 크게 작용한 것이었죠. 이른바 '내포 지방'으로 불리던 지금의 남양만 일대에는 김대건 신부가 탄생한 솔뫼성지를 비롯해 공세리성당 등 많은 천주교 성지가 모여 있습니다. 2014년에 우리나라에 방문한 프란치스코(Francisco) 교황이 굳이 내포 지역의 성지를 둘러본 데에는 그만한 이유가 있는 거지요. 서강대 교정의 성당은 우리나라 천주교의 전파와 박해, 순교의 역사를 돌아보도록 합니다.

본관, 청년광장, 대운동장에서 만난 흥미로운 사실들

다시 본관으로 걸음을 옮겨 보지요. 서강대 본관은 단출하고 검소한 느낌을 주지만, 좌우 건물을 제각각의 모양으로 만들어 꽤 공들여 설계한 듯 보입니다. 지은 지 오래된 본관 건축의 이력에는 관심을 끌 만한 요소가 많습니다. 본관은 서강대에서 가장 먼저 지은 건물이자, 프랑스 건축의 거장 르코르뷔지에의 제자인 한국 현대건축 1세대 건축가 김중업이 설계했습니다. 건축 해설을 읽고서 다시 본관을 쳐다보면 건축에 문외한인 사람이라도 건축가의 의도를 느낄 수 있을 겁니다. 서강대를 품은 노고산의 능선이 본관으로 이어지는 모습과, 독특한 면 분할과 엄격한 비례감이 새삼 새롭게 보이지 않나요?

1세대 건축가 김중업이 설계한 서강대 본관과 학교 설립자 게페르트 신부의 동상

　본관은 앞서 지나온 알바트로스탑을 굽어보는 모습인데, 그 앞의 청년광장도 눈길을 끕니다. 정문에서부터 본관까지는 꾸준한 오르막길인데요, 그 오르막 경사를 평탄화하여 작은 잔디광장을 놓은 것입니다. 청년광장을 끼고 주변을 둘러보니 주차장 이정표가 보입니다. 이는 이 공간이 본래 광장이 아니었음을 넌지시 일러 주는 정보입니다. 아마 기존 언덕 밑을 깎아 주차장을 놓고 그 위를 지붕처럼 덮어 또 다른 생활공간을 창출한 것일 테지요. 서울의 모든 대학은 이처럼 제한된 부지의 한계를 극복하기 위해 경사지를 적극 활용하곤 합니다. 서강대 캠퍼스에서도 시간의 흐름에 따라 요구되는 공간의 압박을 덜어 내려는 의도를 곳곳에서 관찰할 수 있지요.

건축가 김중업은 누구인가?

서강대학교 본관을 설계한 건축가 김중업은 대한민국 현대건축의 1세대 거장으로 불립니다. 김중업의 선생은 프랑스 건축의 대가 르코르뷔지에입니다. 그는 인위적인 구조를 만들어 공간을 창출하는 데 있어 중요한 건 구조가 아니라 공간임을 강조한 바 있어요. 김중업 선생도 그런 철학을 십분 활용해 다양한 건축물을 남겼습니다. 화가는 그림으로, 서예가는 글씨와 문장으로 이름을 남기듯 건축가는 건축물로 자신의 철학을 담는데요, 서강대학교 본관 앞에 서면 김중업 선생의 건축 정신을 살짝 엿볼 수 있습니다.

서강대학교 본관은 1960년 준공된 지하 1층, 지상 4층의 철근 콘크리트 건물입니다. 반세기가 훌쩍 넘은 건물에서 가장 눈에 띄는 건 창문 사이마다 돌출된 격자 형태의 차양막입니다. 하얀 페인트로 칠해진 차양막은 오후의 강한 햇빛을 막기 위해 정교하게 계산하여 설계했다고 해요. 얕은 경사지에 얹힌 본관 건물은 서강대학교 캠퍼스에서 가장 오래된 건물입니다. 김중업 선생의 작품 중에서 원형이 가장 잘 보존되었다는 평가를 받는 서강대학교 본관은, 서울미래유산으로도 지정되어 있답니다.

체육관과 김대건관을 둘러본 뒤 사잇길을 따라 나가면 대운동장이 나옵니다. 푸른 인조잔디가 깔린 축구장과 육상 트랙, 그 곁의 농구 코트는 운동장의 공식이지요. 여느 대학의 운동장과 다를 바 없다고 여길 즈음, 저 멀리 야구 시설이 눈에 들어옵니다. 투수 마운드에 가까이 가 볼까요? 서강대에는 정식 야구부는 아니지만 50년 전통의 동아리가 있습니다. 동아리 이름은 바로 '알바트로스'이고요.

이색적인 엠마오관에서의 단상

대운동장의 투수 마운드에 오르면 바로 앞에 좌우대칭으로 넓게 뻗은 독특한 모양의 건물이 눈에 들어오는데, 바로 엠마오관입니다. 좌우 날개 위로 가운데는 접시 모양의 라운지형 건물이 위를 받치고 있는 모양새입니다. 엠마오관은 다른 대학으로 치면 학생회관으로, 다양한 동아리방과 편의 시설로 구성돼 있습니다. 무엇보다 인상적인 점은 형형색색 색채를 활용한 내부 도색인데요, 동화에서나 볼 법한 리듬감 있는 색채의 향연이 마치 대학 생활의 낭만을 더해 주는 것 같습니다. 이색적인 모습의 엠마오관은 여러모로 학생들에게 가장 사랑받는 공간일 듯합니다. 접시 모양의 엠마오관 지붕 위는 어떤 모습일지 궁금하죠? 안 올라가 볼 수 없겠습니다.

엠마오관 지붕 위에 오르면 전방으로 넓게 시야가 트입니다. 서강대에서 가장 조망이 좋은 곳이 아닐까 싶어요. 탁 트인 개방감을 만끽했다면 천연 잔디로 가꾼 지붕 위에서 서강대 캠퍼스의 공간 확장 흐름을 유추해 봅시다. 본관 일대의 뿌리 공간에서 시작한 서강대 캠

엠마오관 지붕에서 내려다본 대운동장 전경. 서강대의 건물과 아파트가 혼재하여 스카이라인이 다소 어지러운 느낌을 준다. 대학 캠퍼스가 조성된 초창기에는 저 멀리 한강을 향해 시선을 둘 수 있었으리라.

퍼스는 노고산 자락을 따라 몇몇 건물이 들어섰을 테고, 이후 공간의 압력을 이기기 위해 지하 공간을 마련하거나 서강대길을 따라 고밀도의 건물을 추가로 놓았을 것입니다. 산기슭을 따라 축조된 오래된 건물과 대로에 열 지어 들어선 새 건물은 흥미로운 공간의 대구를 이루며 서강의 역사를 쓰고 있는 모습입니다.

발길을 돌리면 바로 로욜라동산이 보입니다. 이그나티우스 로욜라(Ignatius Loyola)는 **바티칸시국**(이탈리아 로마 안에 있는 도시국가로, 교황이 통치하는 지역입니다)의 성베드로대성당에 모셔질 정도로 유명한 에스파냐의 수도자이자 예수회의 창시자입니다. 서강대의 핵심 시설인 도서

서울 소재 대학들에서 자주 보이는 지하 공간의 활용은 캠퍼스 규모의 확장에 따른 공간의 압력을 극복하기 위한 영리한 방법이다.

관 또한 그의 이름을 쓰고 있습니다. 로욜라도서관을 따라가면 어느새 다산관입니다. 다산 정약용과 관련이 있음을 추정하기 어렵지 않지요? 조선 후기 실학자인 정약용은 가톨릭교와도 관련이 깊습니다.

18년 동안 이어진 다산의 강진 유배 생활은 널리 알려져 있습니다. 유배 시절 다산이 기거하던 다산초당은 강진 여행의 필수 코스로 여겨지기도 합니다. 다산이 진정 가톨릭교 신자였는지에 관해서는 역사적으로 논쟁이 이어지는 주제입니다. 국사학계는 다산이 지적 호기심에 가톨릭교를 받아들였다가 배교한 뒤 유학자로 돌아왔다는 점을 강조하고, 가톨릭교는 그가 국정에 참여하는 과정에서 교

다산관 전경

인으로 살지 못했지만 유배를 마치고 신앙심을 회복했다고 주장하지요. 특히 가톨릭교에서는 다산의 무덤에서 발견된 십자가를 확실한 증거로 봅니다. 다산 정약용의 이름값은 실로 막강하기에, 가톨릭교 재단이 운영하는 서강대로서는 그의 이름을 캠퍼스에서 기리고 싶었을 것입니다.

붉은 벽돌의 향연, 다산관이 준 숙제 풀기

다산관에서 이런저런 생각을 정리하다 보니 문득 붉은 벽돌에 눈

적벽돌로 지어진 하비에르관

길이 갑니다. 붉은 벽돌로 깔끔하게 마감한 건축물은 사실 우리나라 가톨릭교 성당의 대표적인 건축양식이거든요. 앞서 지나온 성이냐시오성당을 포함해 대부분의 가톨릭교 관련 건물은 붉은 벽돌 위주로 지어졌습니다. 여행지에서 마주친 오래된 성당이든, 동네에 있는 성당이든 한번 떠올려 보세요. 실제로 대부분이 붉은 벽돌로 지어지지 않았나요? 어떤 이유에서일까요?

붉은 벽돌은 건축재로는 적(赤)벽돌이라고 부릅니다. 적벽돌이 가톨릭교 관련 시설에 쓰인 역사는 조선 후기로 거슬러 올라갑니다. 가톨릭교는 성리학 기반의 조선 왕조로부터 줄곧 배척되어 왔습니다. 1801년 신유박해, 1866년의 병인박해 등으로 천주교 신자들은 대대적인 탄압을 받아 왔지요. 1886년에서야 조불수호통상조약을 통해 선교권을 획득한 가톨릭 교단은 이미 유럽에 자리 잡은 고딕 양식의 성당을 짓기로 했습니다. 언덕 높은 곳에 뾰족한 십자가 종탑을 올리면 포교가 더 수월하리라 여겼거든요. 그래서 한옥을 개량하는 대신 품이 들더라도 고딕 양식의 외관을 갖추는 데 주력한 겁니다. 돌을 깎아 석조 건물을 올리는 데에는 보통 품과 돈이 들어가는 게 아니기 때문에, 그 대신 벽돌을 쓰는 것이 여러모로 이득이었습니다. 때마침 서양 문물을 도입한 뒤 적벽돌의 보급이 원활하던 차에 대부분 성당은 자연스럽게 적벽돌로 지어진 거지요. 1898년의 명동성당이 대표적인 건축물입니다.

물론 적벽돌은 비단 성당에만 쓰였던 것은 아닙니다. 1908년의 서슬 퍼런 서대문형무소, 1925년의 옛 서울역사 등이 모두 적벽돌로 지어진 건물이지요. 서울 중구 정동에 가면 적벽돌로 지은 건축물이 가득합니다. 정동로터리에서 이화여고 방향으로 가면 신아빌딩, 정동제일교회, 신아기념관, 이화여고백주년기념관, 프란치스코교육회관 등으로 이어지는 적벽돌의 향연을 감상할 수 있습니다. 이는 개화기 이후 이 지역에 외국인 공관이 밀집하면서 서양 건축의 양식을 들인 결과입니다. 가톨릭교 재단의 서강대 또한 그런 역사에 발맞춰 다산관을 지었을 것입니다.

경의선숲길의 존재감

후문을 지나 걷는 서강대길을 따라서는 높은 현대식 건물과 맞은편 마포자이2차아파트가 병풍처럼 이어집니다. 대학과 아파트 사이의 고즈넉한 왕복 2차선 길을 지나면 다산관에서 공부한 내용을 바로 확인할 수 있습니다. 서강대의 천주교예수회센터와 맞은편 벨라르미노학사 그리고 건물 사이 골목을 따라 이어진 양옥 다세대주택은 모두 적벽돌이거든요. 심지어 마포자이2차아파트의 외벽 일부도 적벽돌을 연상케 하는 마감재를 사용했답니다. 가톨릭교와 한국형 양옥 건물, 신축 아파트의 건축양식이 기대 이상의 조화를 이루고 있는 것이지요.

서강대역으로 돌아가는 길에는 잘 단장된 산책로가 눈에 들어올 겁니다. 바로 경의선숲길이에요. 경의선숲길이라는 이름에 벌써 많은 정보가 담겨 있습니다. 옛 경의선이 오가던 철로를 없앤 다음, 그곳에 보행로를 놓고 나무를 심은 결과가 지금의 경의선숲길인 거지요. 길을 건너니 마침 옛 선로의 일부를 보존한 기억의 공간이 펼쳐져 있습니다. 캠퍼스 여행을 마치기 전 경의선숲길에 관해서도 조금 더 알아보도록 하겠습니다. 경의선숲길은 어떻게 만들어진 걸까요?

경의선은 일제강점기 때 만든 서울과 신의주를 잇는 철도 노선입니다. 한반도의 남북을 잇는 주요 철로는 분단 이후 명맥이 끊긴 지 오래입니다. 파주 문산 임진각의 '철마(鐵馬)는 달리고 싶다!'의 그 철

경의선숲길과 가까이 경의선철도가 지난다. 경의선숲길을 따라 홍익대, 서강대, 숙명여대가 멀지 않은 거리에 입지한다. 세 대학교의 특이점은 시·원생대에 형성된 편마암 구릉대를 따라 미처 도시화가 진행되지 않은 와우산, 노고산, 효창공원 구릉을 끼고 캠퍼스가 들어섰다는 점이다.

마가 바로 경의선을 오가던 열차예요. 분단 이후로는 서울에서 문산 구간만 운행되다가 1975년 영업을 중단했고, 철로 주변이 오랜 시간 방치되다가 지금과 같은 모습으로 탈바꿈했습니다. 여전히 경의중앙선은 지하로 이 구간을 지납니다. 서울 용산구에서 마포구까지 이어진 총 6.3킬로미터의 숲길은 공간을 다양한 방식으로 변화시켰습니다. 서강대 학생들은 경의선숲길을 통해 홍대입구와 연남동까지 담소를 나누며 거닐 테지요.

경의선숲길은 지리적으로 중요한 의의를 지니고 있습니다. 본디 물길이나 철길은 공간을 통합하기보다는 분리합니다. 지하로 놓을 수 없던 시절의 지상 철길은 양쪽의 공간을 철저히 분리해 소통의 단절을 낳았지요. 산간 지역으로 보면 두 공간을 분리하는 산간도로에 해당하는 셈입니다. 산간 지역에 사는 동물들의 이동을 위해 생태통로를 설치하듯, 경의선숲길은 철도의 지하화를 통해 단절된 공간을 소통의 장으로 묶었습니다. 게다가 자갈과 부목이 깔린 철길에 비하면 숲은 여러모로 도시에 더 좋습니다. 특히 숲의 증산작용(식물이 뿌리에서 흡수한 물을 잎의 기공을 통해 수증기로 내보내는 현상)은 뜨거운 도시의 여름 기온을 낮추는 데 탁월한 기능을 합니다. 녹음의 산책로를 걸으니 콘크리트 속에 갇힌 마음이 열리는 기분이 듭니다. 경의선숲길은 서강대 여행을 마치고 돌아가는 여러분의 발걸음을 무척 가볍게 만들어 줄 거예요.

성균관에 오르면 과거가 한눈에 보인다
성균관대학교

수도권 지하철 4호선 혜화역에서는 방문 목적에 따라 이용하는 출구가 달라집니다. 장례식장에 갈 때나 병문안을 할 땐 서울대학교병원으로 이어지는 3번 출구를, 친구들과 삼삼오오 연극을 관람할 땐 대학로의 소극장들을 잇는 1·2번 출구를 거치게 됩니다. 성균관대학교로 가는 길은 4번 출구에서부터 이어집니다. 혜화역의 출구는 네 개인데, 출구마다 이어지는 공간의 성격이 확연히 달라 다채로운 기분이 듭니다. 여러 공간 중에서도 소극장들이 밀집한 대학로의 존재감이 우선 상당합니다. 얼핏 들으면 '대학가' 같은 일반명사인가 싶지만, 대학로는 종로5가사거리와 혜화동로터리를 잇는 간선도로 및 그 일대 상권을 통칭하는 고유명사입니다. 홍대와 더불어 서울을 대표하는 대학 상권 중 한 곳이지요.

이번 캠퍼스 투어의 목적지는 성균관대학교 인문사회과학캠퍼스입니다(참고로 성균관대의 자연과학캠퍼스는 경기도 수원시에 있답니다). 서둘러 4번 출구로 나가 봅시다. 방향은 대학로11길 쪽으로 잡겠습니다. 대학로11길에는 '소나무길'이라는 다른 이름도 있습니다. 2017년에 명예 도로명이 부여됐거든요. 소나무길은 조선시대 임금이 박석고개를 넘어 성균관으로 행차할 때 지나던 길이라고 하니, 모름지기 성균관 여행자에겐 이만한 길도 없을 겁니다.

성균관으로 가는 길을 드리운 소나무

커다란 플라타너스가 도열한 대학로와 달리, 소나무길은 이름 그대로 소나무의 행렬이 이어지는 거리입니다. 사시사철 푸른 소나무는 본디 선비의 절개와 지조를 상징하는 나무이지요. 도롯가에서 만나기 힘든 가로수이다 보니, 주변 상가 건물이 한옥이었다면 더 잘 어울렸겠다는 생각도 듭니다. 단지 소나무를 심어 놓았을 뿐인데, 전주 한옥마을 같은 역사 유적을 걷는 듯한 분위기가 연출되는 것 같기도 하고요.

같은 소나무길이라도 대학로와 인접한 곳에는 대형 카페와 음식

성균관으로 가는 소나무길은 조선시대 임금이 박석고개를 넘어 성균관으로 행차할 때 지나던 길로 알려져 있다.

점이 많고, 길 안쪽으로 깊숙이 들어갈수록 전통음식점·생활용품점·테이크아웃 커피점 등 일상에서 쉽게 마주할 수 있는 가게가 주를 이루고 있는 것을 볼 수 있습니다. 대학로의 주된 통로에서는 한발 물러서 있는 곳이지만 그래도 간간이 소극장이 보이고, 사거리의 큰 건물에 입점한 CGV 대학로점도 눈에 띕니다. 성균관대입구사거리를 둘러보았을 때 가장 흥미로운 점은 방금 혜화역 4번 출구를 지나쳐 오면서 보았던 다이소와 올리브영이 마치 데자뷔처럼, 이곳에서도 나란히 모습을 드러내고 있다는 사실입니다. 두 브랜드는 멀리 떨어지지 않은 이곳 성균관대입구사거리에서도 얼굴을 맞대고서 치열한 경쟁을 벌이는 중입니다.

횡단보도 앞에서 잠시 두 회사의 경쟁 구도에 관해 알아볼까요? 오프라인 뷰티 로드숍의 절대 강자 올리브영과 신흥 뷰티 강자로 부상한 다이소의 치열한 경쟁을 다루는 기사를 어렵지 않게 찾아볼 수 있습니다. 두 브랜드는 각각 뷰티 제품과 저가 생활용품 분야에서 독보적인 입지를 구축해 왔으나, 최근 다이소가 올리브영의 영역인 뷰티 시장에 진출하면서 경쟁이 격화되고 있다는 내용입니다. 아내에게 물어보니, 실제로 최근에는 다이소에서도 괜찮은 화장품을 구매할 수 있다고 하네요. 흡사 스타벅스 옆 커피빈처럼 자본주의의 뜨거운 경연장을 보는 듯합니다.

명륜동에 관한 단상

다이소와 올리브영 건물 사이를 지나면 어느덧 가로수가 소나무에서 은행나무로 바뀌어 있습니다. 은행나무는 성균관대의 로고에 있는 교목이기도 하지요. 가로수 하나 바뀌었을 뿐인데, 공간이 절묘하게 전환되는 느낌을 줍니다. 때마침 성균관대 스쿨버스가 앞질러 가는 모습이 보입니다. 조금만 더 걸으면 성균관대 정문입니다. 좁은 왕복 2차선 길의 이름은 성균관로입니다. 성균관로 주변으로는 '명륜'이라는 간판을 내건 상점이 많은데요, 이 길 주변이 바로 서울 종

명륜당의 전경과 은행나무

로구 명륜동입니다.

　명륜(明倫)은 성균관대의 정신과도 연관이 깊은 이름입니다. 인간 사회의 윤리를 밝힌다는 뜻이지요. 사서삼경 가운데 하나인『맹자』「등문공」에 나온 구절에서 유래했다고 합니다. "학교를 세워 교육을 행함은 모두 인륜을 밝히는 것"이라는 글귀이지요. 명륜이라는 지명은 그곳이 지리적으로 옛 향교(고려와 조선의 공식적인 지방 교육기관)의 자리임을 암시합니다. 그래서 명륜동이라는 지명은 전국 각지에서 찾아볼 수 있습니다. 서울 종로구 명륜동 역시 조선시대 지방 향교들의 상위 교육기관이자 최고 학부였던 성균관의 명륜당에서 나온 지명입니다.

그런데 '명륜' 하면 떠오르는 뜬금없는 이름이 하나 있지 않나요? 요식업 브랜드 명륜진사갈비가 머릿속을 스쳐 갑니다. 명륜진사갈비의 상호는 실제로 성균관 명륜당의 진사식당에서 따온 것이라고 하네요. 『서울문묘: 실측조사보고서』(2006)에 따르면 실제로 성균관유생을 위한 총 33칸의 진사식당이 있었다고 합니다. 흥미로운 것은 유생들이 아침저녁 두 끼를 먹고 원점(조선시대 성균관 유생들의 출석을 점검하기 위하여 찍던 점)을 하나씩 받는데, 모두 300점을 모아야 과거 응시 자격이 주어졌다고 합니다.

역사적 무게를 간직한 성균관 그리고 성균관대학교

성균관대에는 정문이 따로 없습니다. 실은 정문의 골조가 없을 뿐, 넓은 광장과 교명을 새긴 표지석 등이 정문의 역할을 대신하기는 합니다. 성균관대가 정문을 놓은 방식은 옛 정문과 담장을 허물어 중앙광장으로 정문을 대체한 중앙대학교와 비슷해 보입니다. 인터넷 검색을 하면 벽돌 기둥이 있는 옛 성균관대 정문을 찾아볼 수 있는

탕평비각과 하마비

데, 마치 고등학교 정문처럼 작고 아담한 크기입니다. 1960년대에는 덕수궁 대한문처럼 생긴 대성문이 있었다고 하는데, 그때의 정문이 지금보다 성균관 느낌이 강했을 것 같습니다.

 광장 왼편으로는 영조 때 세운 탕평비각과 하마비가 은행나무에 둘러싸여 있습니다. 탕평비의 비석문은 영조의 친서라고 합니다. 영조가 왕세자이던 시절, 당쟁이 국정을 혼란스럽게 만든다는 사실을 깨닫고 즉위한 뒤 탕평책을 적극 추진하는 과정에서 이를 성균관 유생들에게도 알리기 위해 탕평비를 내렸다고 하지요. 성균관에 들어가려면 누구든지 말에서 내려야 함을 알리는 하마비를 통해서도 그 당시 성균관의 위상을 엿볼 수 있습니다.

정문에서 이어진 성균관로를 따라 오른편으로 옛 성균관의 명륜당이 있습니다. 옛 성균관은 조선 왕궁의 일부만큼이나 역사성이 짙은 공간이에요. 특히 대성전을 지나면 500년 수령의 거대한 은행나무가 세월의 깊이를 알리며 서 있습니다. 성균관대 로고에 들어간 은행잎이 바로 이 은행나무의 것이 아닐까 싶기도 합니다.

공간이 지닌 무게만큼이나 대학의 역사도 깊습니다. 성균관대는 우리나라에서 가장 오래된 대학입니다(물론 기준에 따라 논쟁의 여지가 있어서 여러 대학이 자기 학교가 한국 최초의 대학이라고 주장합니다). 조선을 건국한 태조 이성계가 유교적 건국이념에 따라 1398년 고려 공민왕 대의 성균관을 한양으로 이전한 것이 성균관의 시초입니다. 성균관대는 역사로 보면 국립대학이어야 할 것 같지만, 오늘날 성균관대는 사립대학입니다. 성균관대가 사립대학으로 전환한 까닭이 궁금하지 않나요? 문제는 일제강점기였습니다.

일제는 성균관의 이름을 경학원으로 바꾸고 부속 시설로 명륜전문학교를 두는 등 지위를 격하했습니다. 국가 최고 교육기관이었던 성균관은 자그마한 유교 교육기관이 되었고, 과거 성균관이 지닌 최고 학부의 상징은 일제가 세운 경성제국대학이 가져간 것이지요. 해방 직전인 1943년에는 명륜전문학교마저 폐교했으나 해방 이후 전국 유생들은 옛 성균관의 정통성을 복원하기 위해 노력했으며, 그 과정에서 성균관대 기성회가 조직되어 재단을 가진 사립대학으로 속성을 바꾼 것입니다. 오늘날에는 삼성그룹이 성균관대 재단 운영에 참여하고 있습니다.

성균관대와 삼성그룹은 해방 이후 여러 번의 만남과 헤어짐을 반복했습니다. 이후 지금까지 삼성이 성균관대 경영에 참여하고 있는 까닭은 오롯이 의과대학 때문입니다. 삼성이 직접 의과대학을 만들어 병원을 운영하려던 차에, 마침 성균관대가 의과대학 신설을 추진하면서 다시 의기투합했다고 합니다. 삼성은 이후 서울 강남구 일원동에 삼성서울병원을 설립하고 강북삼성병원과 성균관대학교 삼성창원병원을 인수하면서 국내 최상위 종합병원을 운영하고 있습니다. 의대 선호가 심한 최근의 입시 환경에서 성균관대가 최상위권 수험생들에게 좋은 인상을 주는 것도 삼성의 경영 참여가 크게 한몫했다고 하죠.

성균관대 자리에 관한 지리적 분석

옛 성균관에서 현 성균관대까지는 꾸준한 오르막길입니다. 오른편은 옛 성균관의 공간이고, 왼편으로는 창덕궁과 성균관 사이로 비집고 들어온 주택가가 끝없이 이어지네요. 길을 쭉 오르다 보면 드디어 현대식 건물인 육백주년기념관과 국제관이 시야에 들어옵니다. 육백주년기념관이라면 1998년에 지어진 걸까요? 예상이 맞습니다.

금잔디광장의 전망. 저 멀리 희미하게 보이는 탑이 롯데월드타워다.

건물 맞은편으로 대학 게시판이 담벼락을 따라 길게 서 있습니다. 성균관대 재학생이라면 주로 이 길을 지날 테니, 게시판의 위치로는 안성맞춤이지요.

   길을 따라 곧장 오르면 초록의 금잔디광장 주변으로 경영관, 교수회관, 학술정보관, 대운동장, 법학관 등이 시야에 들어올 거예요. 경영관 앞 금잔디광장에 서면 지대가 꽤 높아 조망 범위가 제법 넓은 것을 확인할 수 있습니다. 조금 더 높은 곳인 수선관까지 올라가 보겠습니다. 공기가 깨끗한 날에는 저 멀리 롯데월드타워의 모습까지 눈에 담을 수 있는 전망입니다. 그나저나 성균관대는 어째서 이렇듯 고지대에 있는 걸까요?

성균관대의 입지를 살펴보려면 서울 사대문의 지형 조건을 이해하는 게 순서입니다. 서울 사대문은 경복궁을 중심으로 북악산 좌우로 뻗는 산줄기의 안쪽 공간을 뜻합니다. 산줄기로 보자면 북악산을 중심으로 해서 시계방향으로 낙산, 남산, 남대문 구릉, 인왕산으로 이어지는 모양새이지요. 오늘날 도시화의 진전으로 인하여 남대문 구릉대는 흔적을 찾아보기 어려워졌지만, 옛 지도를 보면 청계천의 물줄기가 시작되는 출발점이었음을 알 수 있습니다. 이곳 분지에서 출발한 청운천, 중학천, 대학천 등은 청계천 본류를 이뤄 중랑천으로 흘러갑니다.

지리적으로 흥미로운 점은 사대문 안팎의 기반암이 모두 화강암이라는 데 있습니다. 화강암은 변신의 귀재입니다. 중생대 마그마의 관입, 즉 갈라진 틈을 메워 굳은 화강암이 땅속에서 지표 위로 노출될 때까지 얼마만큼의 힘을 여러 방향으로 받았는지에 따라 모습이 달라집니다. 꾸준히 다양한 방향으로 힘을 받아 땅 갈라짐이 많은 화강암은, 지표면에 노출되는 순간부터 빠르고 깊게 파이기 시작하지요. 그렇게 생성된 부산물을 청계천이 가지고 한강으로 배출하는 시스템입니다.

성균관대가 지금처럼 높게 솟은 화강암 구릉의 정상에 있는 것은, 그곳이 사대문을 이룬 낮은 공간보다 땅 갈라짐이 상대적으로 적은 자리여서 가능한 일입니다. 청계천의 물줄기를 보면 사대문 안에서 가장 강력한 토지 균열의 방향도 읽을 수 있습니다. 청계천이 창신동

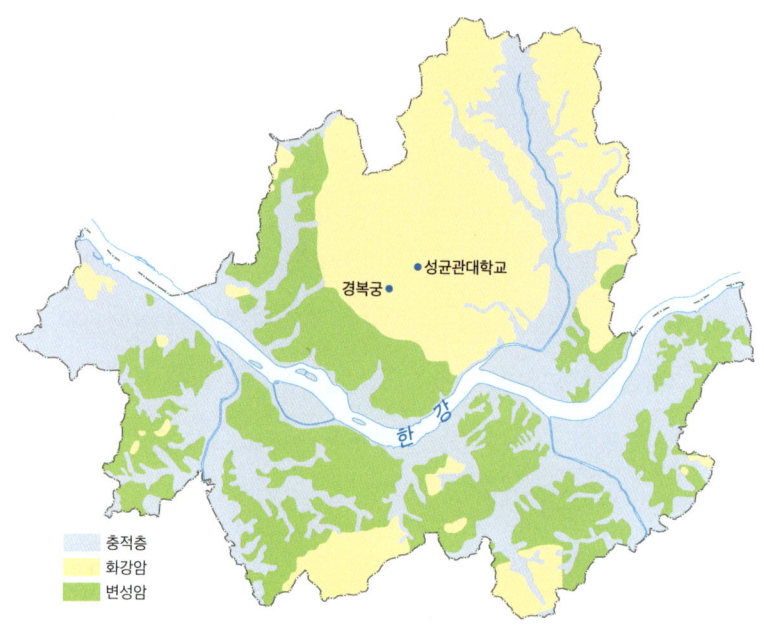

서울시는 사대문을 중심으로 북한산 일대와 관악산 일대가 화강암, 나머지 지역은 변성암 구릉으로 이루어져 있다.

과 신당동 일대로 빠져나가면서 동서 방향으로 흐르는 이유를 떠올려 보면 알 수 있지요. 그런 면에서 성균관대 – 창덕궁 – 종묘로 이어지는 낮은 산줄기는 남북 방향의 갈라짐 사이에 남은 좁은 공간에 해당합니다. 이런 갈라짐의 방향성은 청계천의 지류인 청운천, 중학천, 대학천 등이 남북으로 흐르는 모습으로도 확인할 수 있어요. 갈라진 낮은 자리는 곧 물의 길이기도 하니까 말이지요.

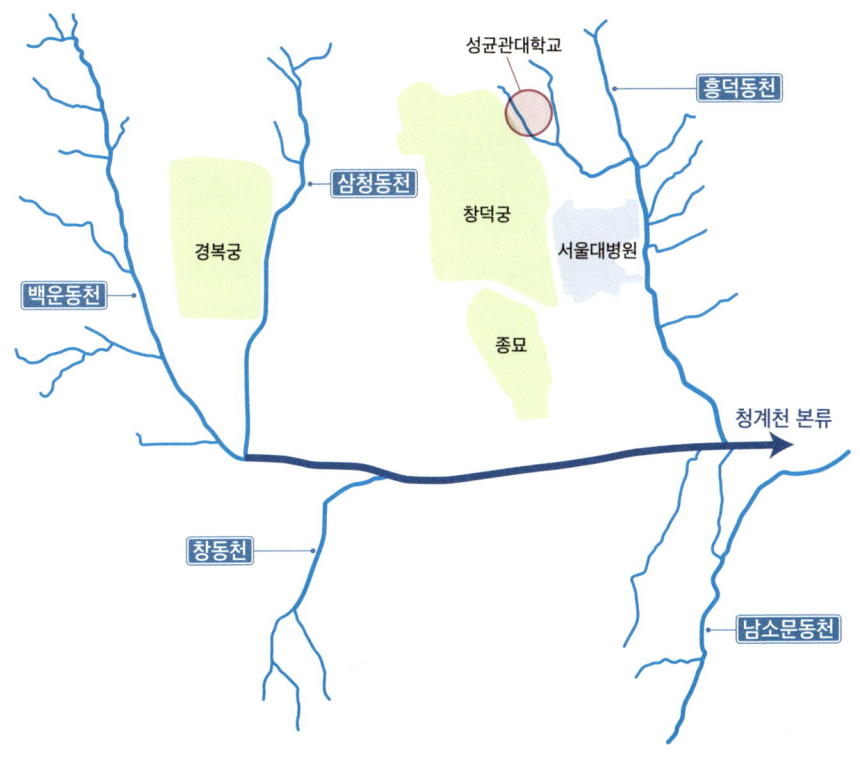

청계천의 지류를 이루는 백운동천, 삼청동천, 흥덕동천 등은 모두 남북 방향으로 흘러간다. 좁은 구릉과 구릉 사이의 갈라진 저지대는 곧 물길이다.

좌청룡과 가까운 성균관과 성균관대학교

옛 성균관이 조선시대 임금의 거처로 가장 오랫동안 쓰인 창덕궁과 붙어 있다는 사실은 단순한 우연이 아닙니다. 이는 성균관의 자리

경기도 수원에도 성균관대학교가 있다!

대학가 이모저모

서울 소재 성균관대학교의 정식 이름은 인문사회과학캠퍼스입니다. 인문사회과학캠퍼스에서 가장 가까운 지하철역은 4호선 혜화역이에요. 그럼, 성균관대 이름이 들어간 지하철역은 없는 걸까요? 아닙니다. 수도권 지하철 1호선을 따라가면 성균관대역을 만날 수 있습니다.

성균관대는 이원화 캠퍼스입니다. 이원화 캠퍼스는 제2캠퍼스라고도 부릅니다. 이원화 캠퍼스란 교육부의 허가를 받아 두 개 이상의 캠퍼스를 운영하는 개념이에요. 성균관대는 인문사회과학계열캠퍼스를 서울에, 자연과학계열캠퍼스를 수원에 나누어 놓은 대표적인 이원화 캠퍼스입니다. 종로에 위치한 성균관대와 멀지 않은 곳에는 서울대의 이원화 캠퍼스도 있습니다. 의과대학이 관악캠퍼스와 별도로 분리되어 연건캠퍼스라는 이름으로 운영되고 있지요.

한 가지 유의해야 할 건 이원화 캠퍼스는 분교와는 다른 개념이라는 겁니다. 예컨대 연세대와 고려대, 건국대 등은 분교를 운영하는 학교입니다. 연세대는 원주에 미래캠퍼스가 있고, 고려대는 세종에 세종캠퍼스가 있습니다. 건국대는 충주에 글로컬캠퍼스가 있고요. 이들 대학교는 이원화 캠퍼스와는 달리 독자적인 행정 체계를 갖추고 있지요. 이름은 같지만, 다른 대학이라고 볼 수 있을 정도로 독립성을 갖추었습니다.

가 풍수지리적으로 왕실에 버금가는 명당임을 시사합니다. 성균관 일대의 지도에서 시가지를 모두 걷어 내고 옛 성균관과 창덕궁, 창경궁, 종묘만 남겨 보세요. 그러면 북한산(삼각산)의 정기를 이어받은 북악산의 기운이 부드럽게 능선을 타고 흐르다가 응봉에서 솟구치는 모습을 볼 수 있습니다. 응봉(鷹峯)은 대운동장 뒤로 솟은 봉우리를 가리킵니다. 응봉은 매봉으로도 불리며 송골매를 뜻하는 지명이지요. 풍수지리에서 매봉이라는 지명은 땅의 기운이 모이는 곳에 붙은 경우가 많다고 합니다.

응봉에서 뻗은 기운 가운데 강한 힘은 좌청룡에 해당하는 낙산으로 흐르고, 중간 힘은 창덕궁과 창경궁·종묘로 이어집니다. 이들 사이의 짧은 흐름이 연출되는 곳에 바로 성균관이 지어졌다고 하지요. 좌청룡의 기운이 안으로 포근하게 감싸는 곳인 데다가, 응봉의 기운이 연결되는 곳이라 풍수지리적으로 명당이라는 것입니다. 반면 성균관 동쪽은 상대적으로 땅의 정기가 부족하여, 이를 보완하기 위해 은행나무를 심었다는 이야기도 있습니다. 그랬던 은행나무가 아까 봤던 500년 거목이 된 셈이지요. 하지만 오늘날에는 옛 성균관의 좋은 터를 현재의 성균관대가 깎아 먹는 모양새가 되었습니다. 무슨 뜻이냐고요?

옛 성균관의 위치는 예나 지금이나 물론 변할 리 없습니다. 하지만 지금의 성균관대는 날로 규모를 키워 왔지요. 캠퍼스가 확장하는 과정에서 옛 성균관의 터를 조금씩 차지하면서 언덕 위, 다시 말해

대한의원 본관 뒤로 서울대학교병원이 보인다. 고풍스러운 근대건축과 현대식 건물이 독특한 경관을 연출한다. 대한의원의 시계탑은 현재 우리나라에 남아 있는 가장 오래된 서양식 시계탑이다.

땅의 기운이 흐르는 능선부를 잠식하게 된 것입니다. 문묘(공자를 모신 사당)만 두면 제 기능을 할 수 있던 과거와 달리, 종합대학으로서의 모습을 갖추려면 최대한 많은 공간이 필요했을 테지요. 그래서 성균관대는 입구가 좁고 길며, 고지대에 높은 층수의 건물이 압축되어 있을 수밖에 없습니다. 이는 오늘날 풍수지리의 영향력이 그만큼 약화했다는 반증이기도 하지요. 특히 인구가 밀집한 대도시라면 더욱 그렇습니다.

돌아갈 때는 서울대학교병원을 거쳐 3번 출구로

성균관대의 풍수지리에 관한 다양한 해석을 염두에 두고 다시 혜화역으로 내려가 봅시다. 오른쪽으로 숲이 우거진 창덕궁의 전경이 한눈에 들어옵니다. 성균관대입구사거리에서 이번에는 소나무길이 아닌 창덕궁 외벽을 따라 서울대학교병원으로 향하겠습니다. 국립어린이과학관을 지나니 이내 창덕궁 돌담길이 이어집니다. 일대의 기반암인 화강암을 촘촘하게 쌓아 올린 돌담은 언제 봐도 멋진 정취를 자아냅니다. 서울대학교병원에 진입하여 본관 앞에 서면, 빨간 벽돌과 화강암이 한데 어우러진 고풍스러운 대한의원 본관이 보일 겁니다. 무수히 많은 차가 대형 병원을 드나드는 와중에도 대한의원 본관에서는 호젓한 시간여행을 즐길 수 있습니다.

여행을 떠나요!
MT 장소의 지리적 특성

대학교 새내기 생활의 꽃은 친목을 다지는 MT(Membership Training)입니다. 서울을 중심으로 한 수도권 내에는 우리나라 대학의 약 35퍼센트가 모여 있고, 입학 정원을 기준으로 하면 수도권 대학은 전체 입학 정원의 절반에 이릅니다. 사정이 이렇다 보니 대학교의 MT 시즌이 되면 서울 근교 여행지는 대학생들의 주요 방문지가 되곤 합니다.

수도권에서 예나 지금이나 빠지지 않고 거론되는 MT 장소는 세

곳입니다. 대성리, 을왕리, 대부도가 그곳이죠. 대성리는 서울과 춘천을 잇는 경춘선이 지나는 곳에 있습니다. 경기도 가평군 청평면 소재이고요. 대성리를 지나 청평, 가평, 강촌, 춘천으로 이어지는 경춘선 라인은 수도권 소재 대학에서 가장 오랫동안 사랑받은 MT 장소입니다. 수도권 철도가 확장하면서 새롭게 성장한 팔당, 양평, 용문 일대도 MT 수요를 흡수하는 공간으로 자리매김하고 있고요.

서울을 중심으로 서쪽으로 눈을 돌리면 인천 영종도의 을왕리를 만납니다. 을왕리는 인천국제공항이 만들어지기 전에는 배를 타고 가야 했던 용유도의 작은 해변입니다. 영종대교를 통해 육로로 이동할 수 있어서 접근성이 매우 좋아진 게 을왕리를 더욱 성장시키는 계기가 되었죠. 을왕리가 예나 지금이나 꾸준히 사랑받는 까닭은, 서울에서 가장 빨리 갈 수 있는 해수욕장이기 때문입니다. 을왕리에는 서해안에서 보기 드문 넓은 백사장이 발달해 있습니다. 을왕리의 넓은 해수욕장을 만든 것도 실은 지리적 원인입니다. 섬을 이루는 기반암이 화강암이라 모래 공급이 활발하거든요.

서울을 중심으로 남쪽으로 눈을 돌리면, 대부도가 대표적입니다. 대부도 역시 배를 타고 들어가는 섬이었지만, 지금은 안산시와 연결된 시화방조제와 몇몇 다리의 건설로 육지에서의 접근성이 좋아진 공간입니다. 대부도 아래의 제부도, 더 나아가 영흥도까지 다리로 이어진 여러 섬은 을왕리와는 다르게 갯벌의 정취를 한껏 느낄 수 있는 공간입니다. 대부도에서 한 시간 정도 더 시간을 낸다면 서해안고속도로 개통으로 접근성이 좋아진 태안반도 일대까지도 MT 장소로 고려할 수 있습니다. 대중교통이나 전세버스로 단체 이동이 수월한 교통 인프라가 MT와 밀접한 관련이 있음을 미루어 짐작할 수 있는 대목이지요.

서울을 중심으로 북쪽으로 사랑받는 곳은 파주와 철원 일대입니다. 두 지역은 북한과의 접경 지역이지만, 한탄강과 철원 용암대지라는 멋들어진 화산지형을 간직하고 있죠. 한탄강은 래프팅도 즐길 수 있어 액티비티를 추구하는 대학생이 좋아하는 수도권의 또 다른 명소입니다.

최근에는 한두 시간 내의 MT 장소보다 더 가까운 곳을 찾는 MT 수요도 있습니다. 서울 북한산 자락에 있는 우이동 일대는 매우 가까운 거리 덕분에 MT 수요가 형성된 독특한 공간이지요. 한 걸음 더 나아가 어떤 학생들은 아예 서울 안에서 MT 장소를 찾기도 합니다. 공간 대여 플랫폼 사업이 생기면서 건물 전체를 MT 장소로 개조한 곳도 있고, 건물 옥상에서 멋진 경관을 감상할 수 있도록 꾸민 곳도 많습니다. 신촌, 대학로, 홍대, 강남, 잠실, 건대, 이태원 등 서울에서 교통이 좋고 젊은이가 많이 모이는 곳은 모두 이른바 도시형 MT를 즐길 수 있는 '뜨는' MT 장소입니다.

한편 전통의 경춘선 라인과 신흥 명소 양평 라인 모두 지리적으로 한강과 밀접한 연관이 있다는 사실은 MT 장소의 지리적 요인을 살펴볼 때 특히 흥미로운 점입니다. 경춘선 열차는 북한강을 따라 이동하고, 양평 라인은 남한강을 따라 이동하거든요.

경춘선 노선은 매우 좁고 날카로운 북한강의 계곡을 따라 조심스럽게 놓여 있는 모양새입니다. 대성리와 청평, 가평 같은 MT촌은 계곡의 가파르고 좁은 틈이 살짝 넓어지는 공간에 자리 잡고 있습니다. 가평을 지나면 강촌이 나오고, 조금 더 가면 춘천으로 이어집니다. 북한강과 그 지류를 따라 굽이굽이 이동하는 낭만을 선사하는 노선이지요. 아름다운 풍광을 따라 느릿하게 이동하는 비둘기호에 마주 앉아 통기타를 치고 청춘을 노래하던 MT의 추억도 이와 같은 자연조건에서 꽃을 피울 수 있었던 것입니다.

    MT의 신흥 명소인 양평 라인은 운길산역과 양수역을 지나 양평과 용문역으로 이어집니다. 남한강과 북한강이 만나는 두물머리로 유명한 양수역을 지나면 남한강 변을 따라 좁고 넓은 공간을 지나면서 다양한 공간이 연출됩니다. 그중 넓은 장소에는 경춘선 라인과 마찬가지로 대형 MT촌이 형성되어 있기도 합니다. 양평 라인 또한 강변에 가까이 붙어서 터널을 지나고, 갑자기 너른 들판을 만날 수 있어 지리적으로 흥미로운 구간입니다. 물론 눈으로 보기에도 즐겁고요. 비록 북한강과 남한강으로 길은 나뉘지만, 두 MT 명소 모두 오래전 땅의 갈라짐으로 인하여 형성된 지형 덕분에 빼어난 경치를 자랑합니다. 아마도 그렇기에 대학생들이 자주 찾는 장소가 된 것이겠지요.

서울은 본디 녹음이 짙었고 품이 너른 한강이 있는 자연 도시였습니다. 하지만 조선시대부터 나라의 중심 도시로 기능하다 보니 자연스럽게 숲이 줄어들었습니다. 근대화를 거치면서 도시 개발이 본격화되었고, 이런 변화에 더욱 속도가 붙었지요.

  도시화는 말 그대로 공간의 형태 및 기능과 사람들의 생활양식이 도시적으로 변화하는 과정을 뜻합니다. 도시적 생활양식이 갖춰지려면 일단 사람이 많이 모여야 합니다. 근대적 도시화는 촌락에서 도시로 사람들이 이동하면서 도시가 점점 팽창한 결과입니다. 촌락을 떠나 도시로 향한다는 이촌향도(離村向都)라는 말은 인구 이동의 과정에 초점을 두고 만든 용어이지요.

  1967년에는 〈서울은 만원(滿員)이다〉라는 제목의 영화가 개봉하기도 했습니다. 약 60년 전에도 서울은 이미 몰려드는 사람들로 꽉 찼다는 것이지요. 서울은 우리나라 전체 인구의 약 6분의 1이 밀집한, 실로 거대한 대도시입니다. 짧은 시간 동안 극적으로 숲이 사라지고 시멘트와 콘크리트로 뒤덮인 탓에, 서울에서는 넓은 숲이나 녹지 공간을 찾기 쉽지 않습니다.

  하지만 서울 소재의 몇몇 대학교 캠퍼스에서는 서울 본연의 자연환경을 느껴 볼 수 있습니다. 고려대학교, 한양대학교, 중앙대학교, 숙명여자대학교는 서울이라는 거대한 도시의 지형적 밑그림을 추적할 수 있는 여러 단서를 제공해 주는 학교들입니다.

  서울은 지리적으로 넓은 의미의 분지(盆地)입니다. 강원도 양구의 해안분지나 경상남도 합천의 초계분지처럼 사방이 산으로 빙 둘러싸인 이상적인 분지 지형은 아니지만, 위성사진을 보면 얼추 분지의 꼴을 갖추었음을 알 수 있죠. 서울의 분지에서 북한산과 관악산 일대는 화강암, 그 밖의 공간은 주로 변성암으로 이루어져 있습니다. 땅이 화강암인 곳은 주변 산에서 큰 돌이 자주 노출된 것을 볼 수 있고, 땅이 변성암인 곳은 오르락내리락 반복된 야트막한 구릉으로 발달합니다.

고려대학교, 한양대학교는 화강암의 자리, 중앙대학교와 숙명여자대학교는 변성암의 자리에 캠퍼스를 놓았습니다. 고려대학교 캠퍼스에서 만나는 아름다운 석조 건물과 암반이 노출된 숲은 화강암의 공간에서 연출된 것이고, 중앙대학교에서 만나는 청룡연못과 완만한 굴곡이 잦은 캠퍼스의 기복은 변성암의 공간에서 연출된 것이죠. 숙명여자대학교가 있는 청파(青坡)동이라는 지명은 푸른 숲이 물결치듯 흐르는 변성암의 공간 양상을 잘 표현한 것이기도 합니다. 가장 흥미로운 건 한양대학교입니다. 화강암 언덕 위에 조성된 한양대학교 캠퍼스는 한강과 중랑천이 만나는 넓고 평평한 습지를 내려다볼 수 있는 또 다른 공간의 의미를 창출하거든요.

돌들에게 물어봐!
고대의 과거와 미래
고려대학교

고려대학교를 나온 사람들은 대학 생활을 '안암(安岩)'에서 했다고 말합니다. 고려대 하면 안암, 안암 하면 고려대가 바로 연상되는 거지요. 안암은 구체적으로 어디일까요? 지리적으로 보자면 서울특별시 성북구 안암동에 해당합니다. 안암이라는 지명은 장정 수십 명이 어울려 앉을 수 있을 정도로 크다는 '앉일바위'에서 유래한 것입니다. 지명에 바위 암(岩)이 들어간 이유이지요. 놀랍게도 안암동 면적의 약 4분의 3을 고려대 서울캠퍼스가 차지하고 있습니다. 이렇게 보니 안암을 곧 고려대로 인식하는 흐름도 납득이 될 것 같습니다. 고려대는 각종 이름을 지을 때에도 '안암'을 붙이기를 좋아합니다. 산하 병원의 이름은 안암병원, 기숙사의 이름은 안암학사, 농구부의 별칭은 '안암골 호랑이'라는 식이지요.

이번 여행에서는 안암동, 즉 고려대 서울캠퍼스로 떠나 보겠습니다. 그런데 시작부터 고민입니다. 고려대로 이어지는 지하철역은 두 개거든요. 캠퍼스를 한 덩어리로 보면 안암(고대병원앞)역은 한가운데, 고려대(종암)역은 동쪽 끄트머리에 있는 모양새입니다. 아무래도 본관과 정문에서 가까운 수도권 지하철 6호선 고려대역 1번 출구에서 출발하는 게 좋겠습니다.

고풍스러운 석조 건물의 향연

첫 번째 목적지는 역시 정문입니다. 박물관을 지나니 금방 본관 앞 광장에 닿습니다. 설립자 인촌 김성수의 동상 뒤로 완벽한 대칭을 이루는 고풍스러운 본관이 시야에 들어오네요. 본관은 고려대에서 가장 오래된 건물입니다. 1934년에 완공된 건물이니, 본관의 나이는 어느덧 한 세기를 넘보고 있습니다. 본관은 석조 건물이어서 덕수궁 석조전처럼 예나 지금이나 모습이 한결같아요. 주의 깊은 친구들은 알아차렸겠지만, 본관까지 오는 길에 만난 모든 건물의 외벽이 돌로 마감돼 있습니다. 단단하며 차분하고 고풍스러운 첫인상을 주는 캠퍼스입니다.

고려대 본관과 드넓은 중앙광장

    시야가 탁 트인 본관 앞 계단에 앉아 지질도를 살펴봅시다. 앞선 장들에서 여러 번 이야기했듯, 고려대의 석조 건물은 기반암과 관련이 있습니다. 고려대를 넘어 안암동 전체, 이웃한 종암동 일대의 기반암이 모두 화강암입니다. 오랜 세월 일대를 받치고 있던 단단한 기반암이 대학의 건물로, 표지석으로, 이정표로, 그리고 정문으로 탈바꿈한 것입니다. 새삼 캠퍼스의 풍경이 색다른 느낌으로 다가오지 않나요? 고려대 터는 다음과 같이 재정의할 수 있겠습니다. 이곳은 중생대 쥐라기 때 마그마가 관입한 자리입니다.

    마그마는 땅속 깊은 곳에서 높은 열과 압력을 받아 액체처럼 공간을 배회합니다. 그러다가 어떻게든 몸을 집어넣을 수 있는 자그마한 틈새를 발견하면, 앞뒤 망설임 없이 그곳으로 돌진하는 거죠. 그렇게 틈새를 메운 마그마는 오랜 시간 단단하게 굳어집니다. 땅속에 웅크린 마그마가 오랜 세월 풍화를 맞아 비로소 땅 위로 드러난 게 바로 화강암이고요. 다른 대학도 모두 그러하지만, 특히 고려대를 풍성하게 이해하기 위해서는 화강암을 살펴보지 않을 수 없습니다.

캠퍼스 곳곳에 숨은 화강암의 존재감

본관 뒤로는 개운산이 펼쳐져 있습니다. 멋진 풍경을 볼 수 있을 것 같았는데, 막상 시야각이 맞지 않아 조망은 어렵습니다. 이럴 땐 첨단 과학의 힘을 빌리면 됩니다. 우리에겐 인터넷이 있으니까요. 일대의 항공사진을 보면 예상대로 개운산 곳곳에서 하얀 화강암 바위를 볼 수 있습니다. 개운산의 옛 이름이 안암산(安岩山)·진석산(陳石山)이라고 하는데, 이름에 모두 돌이 들어가지요? 시쳇말로 이 동네는 '쩐 돌밭'이라는 의미입니다. 항공사진의 조망 범위를 넓히니, 개운산 뒤로 더욱 웅장한 돌의 향연이 펼쳐진 것을 볼 수 있었습니다. 바로 북한산과 북악산, 인왕산 자리입니다. 북한산은 우리나라에서도 손에 꼽는 화강암 돌산이에요. 그래서 위용이 드센 산이지요.

정문에서 바라본 중앙광장에도 특이한 점이 있습니다. 잔디광장

중앙광장 지하로 들어가는 진입로와
중앙광장 내 상가

으로만 활용한다는 게 선뜻 이해되지 않을 만큼 너무나도 드넓거든요. 흥미롭게도 중앙광장은 거대한 대운동장 위를 덮어 조성한 공간이라고 합니다. 우리가 지금 서 있는 곳이 곧 지하 공간의 지붕인 셈이지요. 입구를 찾아 지하 세계로 들어가 볼까요? 지하 1층은 몇몇 행정 부서, 편의점, 독서실, 카페 등 대학 생활에 필요한 다양한 시설이 들어찬 알짜 공간입니다. 서울 강남구에 있는 코엑스와 구조가 비슷하다고 하여 '고엑스'라 불린 적도 있다고 하네요. 고대생들에게 꽤 요긴한 공간일 듯합니다. 지하 2·3층은 대형 주차장입니다. 그러고 보니 캠퍼스를 걷는 동안 자동차를 한 대도 마주치지 못했습니다. 지상은 아름답고 평온한 공원, 지하는 생활 시설과 주차장으로 활용한

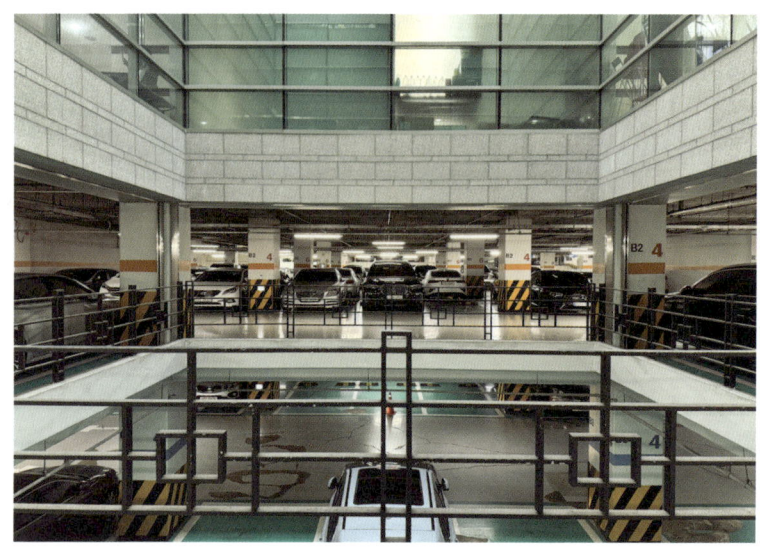

중앙광장 밑 지하 주차장은 대운동장을 덮어 만들었다.

셈이니 대운동장의 변신은 그야말로 일거양득의 편익을 얻는 묘수라고 할 수 있습니다.

중앙광장의 지하 공간을 조성한 데는 화강암의 공도 큽니다. 조직이 치밀하고 단단한 만큼 터널을 공사하거나 지하 공간을 조성할 때 탁월한 암반이니까요. 울산광역시의 석유 비축 기지 공간, 경북 경주의 방사성폐기물 처분 시설 등 국가적으로 손에 꼽는 주요 지하 시설 상당수는 단단한 화강암 암반을 뚫어 마련한 공간입니다. 중앙광장을 지하 3층까지 깊이 파고들어 간 데에는 기반암의 역할이 적지 않았다는 뜻이지요.

다시 지상으로 나와 근처의 민주광장으로 발걸음을 옮겨 봅시다.

고딕풍 석조 건물인 문과대학 위 시계탑

민주광장 가운데 서서 주변을 둘러보면 역시나 석조 건물인 문과대학, 정경대학, 대강당, SK미래관 등이 차례로 눈에 들어옵니다. 하지만 열주가 아름다운 학생회관만큼은 왠지 남다른 느낌을 줍니다. 무슨 뜻일까요?

고려대는 중장기적 마스터플랜에 따라 캠퍼스 공간을 기획해 왔습니다. 본관 주변은 대학의 역사성과 정체성을 담을 수 있도록 고딕 양식의 석조 건물 위주로 조성하고, 그 밖의 공간은 전통과 현대적

고려대 학생회관

양식이 공존하는 변화를 추구하는 게 골자입니다. 마스터플랜의 첫 단추가 바로 학생회관을 짓는 일이었고요. 알고 보니 학생회관은 미국 프린스턴대학교의 로버트슨관을 모방한 건물이라고 합니다. 나아가 본관도 미국 듀크대학교의 본관을 오마주한 것이라 하니, 이 캠퍼스가 상당한 공을 들여 조성됐음을 알 수 있습니다.

안암역을 기준으로 둘로 나뉜 캠퍼스

민주광장에서 출발해 멋진 화강암 석조 건물인 인촌기념관 주변

인촌기념관의 대강당에서는 다양한 행사가 열린다.

을 한 바퀴 걷고, 현대적 건축양식을 띤 정경대학을 지나면 이제 후문입니다. 고려대학교 후문 밖은 캠퍼스와는 완전히 다른 느낌을 주는 공간이에요. 일본 애니메이션 영화 〈하울의 움직이는 성〉(2004)에서처럼 시간 테이블을 돌려 문밖을 나서는 느낌이라고 할까요? 캠퍼스가 주는 여유로움과 한적함이 삽시간에 다세대주택가의 분주함으로 바뀌었습니다. 공간의 변화에 보조를 맞춰 빠른 걸음으로 개운사 방향으로 걸어 봅시다.

개운사로 이어지는 왕복 2차선의 좁은 도로 사이로 눈에 익은 프랜차이즈 상점부터 개인 상점까지 적지 않은 상가 건물이 도로를 가득 메우고 있음을 확인할 수 있습니다. 개운사에 다다를 즈음부터는

주택과 얼굴을 맞대고 있는 개운사 주차장

　상권의 색이 옅어지면서 완연한 다세대주택가로 접어들고, 그 끝자락에서 개운사를 찾을 수 있습니다. 개운사로 가는 길에는 고려대 점퍼를 입은 학생들을 간간이 마주칠 수 있습니다. 한 학생을 따라가 보니, 개운사 옆 좁은 길을 따라 난 기숙사동과 연결되는 길을 만나게 됩니다. 안암학사에 사는 학생이라면 아마도 이 길을 통해 안암역으로 가는 게 여러모로 좋겠네요.

　개운사는 아무래도 도심 속 사찰이다 보니 빌딩 숲에 둘러싸여 전통 사찰의 느낌이 나지 않습니다. 고려대의 복판을 점유한 개운사의 위치에 관해 생각해 볼까요? 고려대 후문을 나와 개운사까지 걸어온 길, 그러니까 개운사에서 안암역까지 남북으로 이어지는 좁은 지역은 마치 고려대를 둘로 나누는 듯합니다. 고려대 캠퍼스는 어쩌다 이런 독특한 모양을 갖게 되었을까요? 속 시원한 답을 내리기 어려운 문제입니다. 6·25전쟁 중 고려대가 잠시 캠퍼스를 비운 사이 피난민들이 불법으로 캠퍼스 공간을 점유했다는 설도 있지만, 신뢰하기 힘든 서사입니다. 어려운 문제일수록 쉽게 접근해야 합니다. '개운사가 먼저일까, 고려대가 먼저일까'를 따져 보면 고려대 입지에 관한 궁금증이 간단하게 풀릴 수도 있다는 뜻입니다.

시작은 안암산, 즉 지금의 개운산 자락에 자리 잡은 사찰 영도사였습니다. 영도사는 조선 태조 때 무학대사가 지은 절로, 본래 지금의 고려대 자연계캠퍼스가 있는 안암역 4번 출구 앞이 본거지였어요. 수세기가 지난 뒤, 절이 있던 자리가 정조의 후궁인 원빈 홍씨의 묫자리로 낙점되면서 절이 자리를 옮기게 됩니다. 그때 개운사로 이름을 바꿔 지금의 터로 옮겨 온 것이지요. 이후 1950년에 원빈 홍씨의 묘를 다시 경기 고양시 서삼릉으로 이장하고, 바로 그 자리에 고려대 자연계캠퍼스가 들어서게 됩니다. 본관을 비롯해 법학관, 정경대학, 문과대학이 있는 터는 고려대의 전신인 보성전문학교 때부터 뿌리를 놓은 본거지이고요. 그때만 하더라도 이곳이 고려대 캠퍼스의 전부였던 셈입니다.

내친김에 나머지 캠퍼스의 이력도 추적해 보겠습니다. 고려대학교 안암병원 자리는 본래 우석대학교(전북 완주군의 우석대학교와는 다른 곳입니다) 의과대학이 있던 곳입니다. 고려대는 1971년에 경영난에 허덕

고려대 스포츠를
키워 낸 캠퍼스 곳곳의 공간들

고려대학교 캠퍼스를 거닐면서 개운산 자락에서 만나는 녹지운동장과 화정체육관은 대학 스포츠의 아이콘 고려대 축구단과 농구단의 홈구장입니다. 일제강점기에 발족한 고려대 축구단은 한국 축구의 아이콘으로 불리는 차범근을 시작으로 수많은 국가대표를 배출한 것으로 유명하죠. 고려대 본관 앞의 중앙광장 자리가 본래 고려대 축구단의 주 경기장이었다는 것도 흥미로운 사실이고요.

고려대 농구단 역시 축구단 못지 않습니다. 일제강점기에 창단한 농구단은 화정체육관을 홈구장으로 쓰면서 대학 농구가 인기이던 시절부터 농구대잔치 시절까지 꾸준히 국가대표를 배출했습니다. 슛 도사로 알려진 77학번의 이충희 선수를 필두로 역시 수많은 국가대표를 배출한 농구부로 한국 농구의 한 시대를 이끌었습니다.

고려대 아이스링크를 지나면서는 1939년 창단한 아이스하키부를 떠올려 봅니다. 고려대가 보성전문학교이던 시절 만들어진 아이스하키부는 오랜 역사를 지닙니다. 국내에서 아이스하키부가 있는 대학교는 고려대를 비롯해 연세대, 경희대, 광운대 이렇게 네 곳입니다. 나아가 고려대에는 야구부도 있습니다. KBO 최고 투수라 불리는 선동열 선수, 현 KBO 총재 허구연 씨가 바로 고려대 야구부 출신이랍니다.

이던 우석대 의과대학을 승계하게 됩니다. 자연계캠퍼스가 준공 및 조성된 것이 1960년대이니, 시기적으로 자연계캠퍼스 조성 이후에 의과대학이 편입된 것이지요.

의과대학을 지나 개운산 정상 방향으로 위치한 R&D센터와 화정체육관, 아이스링크, CJ인터내셔널하우스, 프런티어관 등은 모두 2000년 전후에 들어선 건물로 역사가 짧습니다. 화정체육관은 과거 노천극장이 있던 곳이며, 김연아 전(前) 피겨스케이팅 선수가 훈련했을 아이스링크와 민족문화관 역시 1990년대 후반에야 준공했습니다. 이쯤 되니 어째서 독특한 모양의 캠퍼스가 만들어졌는지에 관한 공간의 퍼즐이 맞춰지는 기분입니다. 정리하자면 안암역을 중심으로 동쪽은 고려대의 역사 공간, 서쪽은 미래 공간이라 할 수 있겠습니다. 안암역 일대가 고려대역 부근보다 다이내믹한 것도 이와 무관하지 않겠지요.

안암역에서 안암오거리까지, 참살이길

개운사 구경을 마무리하고 안암역사거리로 내려가 볼까요? 안암역 4번 출구를 따라 자연계캠퍼스에 가는 것도 좋지만, 이번에는 안암오거리까지 쭉 내려가서 후문으로 자연계캠퍼스에 진입해 보겠습니다. 편도 1차로의 좁은 길임에도 오가는 사람이 제법 많습니다. 이

참살이길 골목 상권

정표가 이 길이 '고려대로24길'임을 알려 주네요.

이 길은 '참살이길'이라고도 불립니다. 서울 이태원동의 경리단 길, 서울 신사동의 가로수길과 같은 전략적 이름 짓기의 흔적이 엿보이네요. 그렇다면 왜 참살이일까요? 이곳은 1990년대까지만 해도 선술집 위주의 소박한 상권이었지만, 이후 유흥업소 위주의 대형 상권이 들어서게 되고, 그러자 고대생들이 크게 항의했다고 합니다. 그래서 참된 삶의 길이라는 정체성을 부여하고자 '참살이길'이라 명명하게 되었다고 해요.

실제로 주변을 꼼꼼히 둘러보며 걸어 보니, 낯익은 프랜차이즈 상점, 헌혈의 집, 가정식백반집과 카페, 제과점 등이 참살이길을 이루는 주요 요소임을 확인할 수 있었습니다. 단정하게 마감한 보도블록을 따라 걷는 동안 우려할 만한 유흥 시설은 찾기 힘들었어요. 참살이길을 따라 상권은 안암오거리까지 계속 이어집니다. 그래서 유동인구가 제법 많았던 것이죠.

참살이길에서 한 블록 안으로 들어가 보면 대부분 원룸이나 다세대주택입니다. 사실 중심로에서 한 발짝 비껴간 공간은 대부분 주거지인 경우가 많지요. 국내 어느 도시를 가더라도 비슷한 패턴입니다. 유동 인구가 많은 곳엔 높은 임대료를 감당할 수 있는 자본력이 출중한 시설이 들어서고, 한발 비켜선 곳은 상대적으로 낮은 임대료에 적합한 기능들이 이합집산을 해 온 결과이지요. 안암로터리를 끼고 돌면 이내 자연계캠퍼스의 후문이 모습을 드러냅니다.

고려대의 신형 엔진이 밀집한 서쪽 공간

고려대 자연계캠퍼스는 본관이 있던 공간보다 확실히 세련된 느낌을 줍니다. 화강암으로 중무장한 고딕 양식은 자취를 감추고 포스

자연계캠퍼스의 넓은 주차장 사이로 신공학관과 창의관이 포스트모던적 건축양식으로 펼쳐져 있다. 석조 건물이 주를 이루는 인문계캠퍼스와 다른 대학 같은 느낌을 연출한다.

하나스퀘어 입구

트모던 건축이 주를 이루고 있네요. 신공학관, 창의관, 과학도서관 등을 차례로 돌아 아산이학관을 향해 걸어 봅시다. 과학도서관과 아산이학관 사이에는 꽤 넓은 녹지 공간이 마련돼 있습니다. 이곳은 하나스퀘어입니다. 하나스퀘어의 경관은 본관 앞 중앙광장을 떠올리게 만듭니다.

하나스퀘어는 지상 1층과 지하 3층으로 구성된 공간이에요. 하나스퀘어를 보니, 지하 공간을 효율적으로 활용하는 것이 지상의 공간을 더욱 넓고 쾌적하게 만드는 훌륭한 아이디어임을 다시금 확인할 수 있었습니다. 특히 학생들의 휴식 공간과 편의시설이 지하에 잘 분산되어 있어 동선의 여유를 주는 것이 인상적입니다. 이쯤 되니 아까 지나온 넓디넓은 자연계캠퍼스의 주차장이 떠오릅니다. 면적이 상당한 장소이다 보니, 역시 나중엔 지하화되지 않을까 합니다. 단단한 화강암 암반을 걷어 낼 공사비만 확보한다면 충분히 가능한 일이지요.

자연계캠퍼스 입구에서 길을 건너면 멋들어진 고려대학교 안암병원 메디컴플렉스 신관이 나타납니다. 오르는 길이 제법 가파르지만, 세련된 대형 건물을 끼고 걸으니 발걸음도 가벼운 듯합니다. 건물 외관에서부터 고려대가 추구하는 미래 의료 시스템의 청사진이 엿보였습니다. 의과대학 신관을 보니 갈수록 심화하는 의대 선호 현상을 떠올리지 않을 수 없습니다. 최첨단의 의료시설을 갖추기 위해 노력하는 고려대의 모습과 미래 비전도 최근의 입시 지형과 무관하지 않을 테지요.

드디어 고려대 한 바퀴!

의과대학 관련 시설을 지나 개운산 정상을 향해 걸으면 녹지운동장과 화정체육관을 만날 수 있습니다. 과거 본관 앞에 있던 대운동장이 녹지운동장으로 변하고 노천극장은 화정체육관으로 새 단장을 했다고 하니, 역시 건물을 새로 지을 수 있는 고려대의 자본력이 느껴지네요. 쭉 이어지는 '민족고대'의 상징인 민족문화관, 아이스링크를 끼고 걸으니 숲길을 걷는 듯 머리가 맑아지는 기분입니다.

CJ인터내셔널하우스를 지나 안암학사를 끼고 걸으면서 북악산로를 따라 내려가 봅시다. 좁은 길을 따라 한참을 내려가니 법학관 신관·구관으로 이어지는 본관 근처에 다다랐습니다. 여기까지 오니 이제야 고려대를 크게 한 바퀴 돈 느낌이 드네요. 동선을 재차 점검해 보니 안암역을 중심으로 좌우 공간의 느낌이 확실히 다르다는 것을 알 수 있었습니다. 고려대는 꽤 괜찮은 진화를 거치고 있는 것 같습니다.

다시 고려대역 1번 출구입니다. 그러고 보니 지하철역 1번 출구가 고려대 캠퍼스의 LG-포스코경영관과 붙어 있네요. 1번 출구를 비롯한 지하 플랫폼이 고려대 땅을 관통하고 있는 꼴입니다. 사실 6호선 노선을 계획할 당시의 고려대역 이름은 종암(고려대)역이었다고 하는데, 캠퍼스 부지를 공유하는 대신 역 이름과 1번 출구를 얻게 된 것입니다. 고려대로서는 손해 보는 일은 아닌 셈입니다. '지품아'가 있는데 '지품대(지하철역을 품은 대학교)'가 있지 말라는 법도 없죠!

실컷 바위 이야기를 했는데, 종암(鍾岩)이라는 지명에도 역시 바위가 있습니다. 고려대의 대부분은 행정구역상 안암동에 속하지만, 고려대역과 운초우선교육관·경영본관·중앙도서관 등은 종암동에 소속됩니다. 그래서 종암이 병기 역명이 된 것이죠. 고려대역 주변은 왕십리역에서 상계역을 잇는 서울 경전철 동북선 공사가 한창입니다. 환승역으로서의 고려대역 주변은 또 어떤 모습으로 변화할까요?

11

담장을 허물고
광장에 우뚝 서다
중앙대학교

2000년대 초, 중학교 친구를 만나기 위해 중앙대학교에 간 적이 있습니다. 친구에게 길을 물으니, 서울 지하철 7호선 상도(중앙대앞)역 5번 출구로 나와 10분 정도 걷거나 마을버스를 타고 후문에서 내리면 된다고 알려 주었지요. 20년 만에 다시 중앙대를 방문하기 위해 지하철 노선을 살펴보니, '중앙대앞'이라는 역명이 사라졌다는 걸 알았습니다. 이제 상도역은 병기 역명이 없는 그냥 '상도역'입니다.

하지만 중앙대의 이름이 지하철 역명에서 그냥 사라져 버린 것은 아닙니다. 상도역 대신 2009년에 개통한 9호선 흑석역에 '중앙대입구'라는 병기 역명이 붙었거든요.

상도역에서는 중앙대 후문이 가깝고, 흑석역에서는 정문이 가깝습니다. 흑석역에서 중앙대까지는 걸어서 5분이면 닿는 가까운 거리예요. 그래서 이번 출발지는 흑석역입니다. 그러고 보니 '흑석'이라는 지명이 먼저 눈에 띕니다. 흑석이면 말 그대로 검은 돌이라는 뜻일까요?

정문을 찾아서

흑석역에 내렸으니 이 동네 지명의 유래 정도는 알고 가야겠죠? 흑석역 대합실은 천장을 유리로 마감하여 화사한 햇볕이 내리쬐는 기분 좋은 공간입니다. 잠시 대합실 벤치에 앉아 흑석(黑石)이라는 지명의 유래를 살펴보겠습니다. 흑석은 예상했듯 한자어로 '검은 돌이 많은 동네'라는 뜻에서 붙은 이름이에요. 돌이 검다는 건 물론 지리적으로 어두운색 계열의 기반암 지대라는 뜻이겠지요? 흑석동의 주된 기반암은 실제로 흑운모 편마암입니다. 흑운모는 어두운색을 띠는 암석의 구성 물질 가운데 하나지요. 흑석이라는 이름과 잘 어울리는 기반암입니다.

흑석역 4번 출구로 나가면 정면으로 신축 느낌이 물씬 풍기는 아크로리버하임 아파트가 보입니다. 아크로리버하임을 끼고 중앙대 방향으로 도니, 양옆으로 늘어선 좁은 길의 상권이 길게 이어져 있네요. 좁은 골목 사이를 가득 메운 간판이 상당히 어지럽습니다. 일직선으

흑석(중앙대입구)역 4번 출구

로 시원하게 뻗은 골목을 찾아보기 힘든 공간입니다. 이어지는 다음 골목을 예측하기 힘들 정도로 비정형의 패턴을 지닌 골목 상권입니다. 이는 곧 이 일대가 새로 개발된 장소가 아닌, 꽤 오래전부터 사람이 터를 잡아 살던 곳임을 뜻한다는 것을 기억하지요?.

좁은 상권을 지나자 웅장한 크기의 중앙대학교병원 건물이 한눈에 들어옵니다. 중앙대학교병원은 15층으로 일대에서 꽤 높은 건물이어서 흑석동 곳곳에서 눈에 담길 것만 같습니다. 병원을 끼고서 오

옛 중앙대학교부속고등학교 자리에 들어선 중앙대학교병원과 골목 상권

른편으로 걸어가면 중앙대 정문 방향입니다. 이윽고 넓은 중앙광장이 모습을 드러내네요. 중앙광장이라는 이름은 교명에서 온 걸까요, 아니면 캠퍼스의 정중앙이라는 뜻으로 붙인 걸까요? 정답이 없는 문제입니다. 교명 자체가 보통명사니까요.

중앙광장 가운데 서서 주변을 둘러보니, 최신식 건물인 약학대학 R&D센터, 영신관, 학생회관 등이 광장을 감싸는 모양새입니다. 그런데 광장 주변을 아무리 둘러봐도 정문은 보이지 않습니다. 지도에는 분명 정문이 표기되어 있는데 말입니다. 지하 주차장으로 들어가는 게이트만 보입니다. 대신 도로와 붙은 중앙광장 끄트머리에 'CAU(중

정문이 없는 중앙대 입구 풍경

앙대의 영문 약자)'라는 글자 조형물이 눈에 띕니다. 실제로 지금 중앙대에는 골격을 갖춘 정문이 따로 없습니다. 원래부터 없었던 것은 아니에요. 중앙대의 정문이 사라진 데는 나름의 역사가 있습니다.

중앙대 서울캠퍼스는 본래 담을 쌓아 안팎을 구분해 왔습니다. 1970년에는 멋진 기와집 형태의 한옥 정문을 세웠지만, 1980년대 민주화 시위 등이 반복되며 담장과 정문은 화재 및 붕괴 등의 고충을 겪었어요. 이후 2002년 서울시의 캠퍼스 공원화 사업으로 담장과 정문을 아예 허물고 학교 안팎에 공원과 산책로를 두면서 지금의 모습을 갖추게 된 것입니다. 한때 관공서, 학교 등의 담장 허물기가 유행한 적이 있습니다. 담장을 허물면 분리된 공간을 통합하는 이점이 생기거든요. 실제로 잔디광장 곳곳에서 산책하는 지역민이 제법 많이 보입니다. 도로를 따라 캠퍼스로 이어진 산책로는 아마 옛 담장이 있던 공간인 듯싶네요.

중앙대학교의 상징 건물들

중앙광장을 굽어보는 영신관은 한눈에 봐도 중앙대학교를 대표하는 건물처럼 보입니다. 영신관은 설립자 임영신 박사의 이름을 그대로 딴 건물입니다. 1936년에 중앙대 서울캠퍼스에서 가장 먼저 지은 건물이라 하니, 맞배지붕(추녀가 없고 지붕이 두 개의 사면으로 이루어져 마치 책을 엎어놓은 듯한 모습인 지붕)을 한 아름다운 석조 건물이 더욱 큰 의미로 다가오는 것 같습니다.

영신관을 가로질러 왼편으로는 의학관, 정면으로는 웅장한 중앙도서관이 시야에 들어옵니다. 도서관의 꼭대기에는 중앙대 이니셜을 담은 커다란 시계탑이 솟아 있습니다. 중앙도서관 건물이 주는 느낌이 사뭇 남다릅니다. 중앙도서관은 1960년 개관 후, 2009년에 새롭게 증축 및 리모델링을 거쳐 지금의 모습을 갖췄다고 해요. 사방을 유리로 마감한 외관은 세련되고 아름답습니다. 도서관에서 책을 읽거나 공부하고 싶은 생각이 절로 들 정도입니다.

중앙대학교에서 가장 오래된 영신관 전경

중앙도서관 주변은 녹음이 짙어 학업에 지친 학생들이 자주 쉬러 나온다.

중앙도서관을 지나면 자그마한 연못이 나타납니다. 청룡연못이라고 불리는 작은 못이지요. 규모는 작아도 연못 가운데서 위용을 뽐내는 청룡 동상이 상당히 이색적인 느낌을 주지 않나요? 청룡은 중앙대의 상징 동물입니다. 실존하지 않는 동물인 청룡이 학교의 상징이 된 데는 아주 간단한 사연이 있습니다. 학교 설립자가 중앙대의 초석을 놓을 때 꿈에서 청룡을 봤다고 하네요.

청룡은 삼국시대 고분을 장식하던 벽화에서 자주 보이는 동물, 그러니까 풍수지리에서 '좌청룡··우백호'라고 말할 때의 그 청룡입니다. 청룡은 동방을 다스리는 신이며 조선시대에는 군대의 깃발로 활용될 정도로 전통 사상과 밀접한 관련을 맺고 있습니다. 용이 물속에서 깨달음을 얻으면 청룡이 되어 하늘로 오른다고 하니, 청룡연못은 중앙대가 그리는 이상적인 지성인의 염원을 담은 것인지도 모르겠습니다. 아직은 몸을 웅크리고 있는 잠룡 같은 학생들이, 졸업할 즈음엔 청룡이 되길 바라는 설립자의 염원이 담긴 공간이 바로 청룡연못 아닐까요? 그래서인지는 몰라도 과거 학생들은 학생회장이 되거나 이성 친구를 사귀는 등 기쁜 일이 생길 때면 청룡연못에 입수하는 일이 잦았다고 합니다. 지나가는 학생에게 지금도 입수 문화가 있는지 물었더니, 지금은 안전 문제로 입수를 금지한다고 하네요. 아울러 요즘 학생들은 이곳을 '청룡탕'으로 부른다는 것도 전해 들었습니다. 이상과 현실은 역시 괴리가 있는 법입니다.

타임캡슐 역할을 하는 청룡상

지리적으로 타당한 청룡연못의 자리

청룡연못을 보고 있자니, 문득 이곳이 자연 연못인지 인공 연못인지 궁금해집니다. 1968년 조성한 청룡연못은 본디 작은 생태계를 이룬 자연 연못이었다고 해요. 그러나 2010년 대학 측이 이를 인공 연못으로 바꿨습니다. 순환이 더딘 연못에서 발생하는 악취와 해충이 문제가 된 것입니다. 연못으로 흐르는 지하수를 차단하고 인공 연못으로 재정비한 결과, 청룡연못은 일 년에 네 번 물을 갈아 주어야 하는 커다란 어항이 되었습니다.

일제강점기에 제작된 지도를 보면 중앙대 캠퍼스가 조성되기 전, 지금의 효사정 자리에 일본 신사가 있었음을 확인할 수 있다(236쪽 참고). 신사의 자리는 우리나라 불교 사찰처럼 조망이 좋은 곳에 있다. 이는 시각적으로 신성해 보이도록 하는 효과를 연출한다. 청룡연못은 중앙대가 들어선 골짜기에서 실개천이 모이는 자리다.

지금은 인공 연못이라고 하더라도 원래 자연 연못이었다는 사실은 지리적으로 흥미로운 대목입니다. 흑석동의 기반암은 검은 돌을 많이 배출하는 시·원생대의 흑운모 편마암이라고 아까 얘기했지요? 주목할 점은 편마암의 특징이에요. 편마암의 출발은 수억 년 전인 시·원생대의 어느 퇴적암입니다. 그렇게 쌓였던 퇴적암이 오랜 세월을 거치면서 본래의 형태를 알 수 없을 정도로 성질이 많이 변한 것이 바로 편마암입니다. 편마암은 배수를 억제하는 암석이에요. 편마암에 띠 모양으로 발달한 편리 구조가 물의 배출을 막는 겁니다. 나아가 편마암이 잘게 부서지면 대부분 미립질의 점토가 되지요. 이 점토는 또다시 배수를 억제하는 효과를 냅니다. 그래서 편마암으로 이루어진 산지나 구릉지의 골짜기에서는 물을 풍부하게 확보할 수 있습니다. 다시 말해 생태적 잠재력이 높다는 의미지요.

지형도를 살펴보면 청룡연못 자리는 중앙대를 둘러싼 지금의 고구동산, 서달산자연공원 등에서 실개천이 내려와 모이는 곳입니다. 그래서 지하수가 풍성했고, 터를 닦는 김에 연못을 놓을 생각까지 했을 겁니다.

가장 높은 곳에서 만난 중앙대의 미래

청룡연못을 뒤로하고 법학관으로 가는 언덕을 올라 봅시다. 법학관 사잇길로 건물을 통과하니 이내 깔끔하게 단장한 너른 공간이 펼쳐집니다. 빨간색 벽돌 건물과 회색의 현대 건물, 나아가 내부를 노출한 포스트모던 건축까지 다양한 건물이 한데 어우러진 것이 꼭 미래의 모습 같지 않나요? 지금까지 층층 계단식으로 경사면을 따라 지어진 여느 공간과는 확실히 다른 느낌입니다. 순간 고려대의 '고엑스'가 떠오릅니다. 누차 이야기했던 캠퍼스 지하화 사업 말입니다.

백주년기념관을 비롯한 일대의 넓은 광장은 중앙대가 야심 차게 기획한, 천문학적인 공사비를 들인 공간입니다. 백주년기념관은 국내 대학 단일 건물 가운데 최대 규모라는 타이틀을 가지고 있습니다.

단일 면적으로는 국내 대학 캠퍼스에서 가장 큰 규모의 건물인 백주년기념관 전경

명성에 걸맞게 건물 전체를 한눈에 담기도 빠듯할 정도로 커다랗습니다. 건물 곳곳에 박힌 거대한 필로티, 광장 밑으로 펼쳐진 넓은 쉼터와 지하 공간은 과거 이곳이 대운동장의 깊이와 크기를 가진 공간이었음을 암시합니다. 옛 대운동장의 사진을 확인하니 역시나 고엑스와 공간 활용의 맥락이 같은 지상-지하 복합 건축입니다. 넓고 깊던 운동장은 인조잔디가 깔린 축구장 하나의 크기로 축소되어 희미한 흔적으로 남아 있지요. 지금까지 중앙대 서울캠퍼스를 전체적으로 돌아보았습니다.

주택에서 아파트로, 다시 아파트로

흑석역에서부터 백주년기념관까지의 건물을 모두 걸어 내면 한강 변에서 흑석동을 감싸는 구릉지의 정상까지 등산한 격입니다. 내친김에 후문으로 나가 서달산자연공원을 걸어 볼까요? 국립현충원까지 이어지는 도심 속 숨은 트래킹코스거든요. 서달산길은 흑석동을 포근하게 감싸는 작은 분지의 능선에 해당하는 곳입니다. 숲길을 걷는 동안 나무 사이로 간간이 모습을 드러내던 흑석동의 풍경이 참 아름답습니다. 저 멀리 보이는 한강과 용산의 풍경 사이로 끼어드는 고층 아파트가 한 가지 아쉬운 점입니다.

숲길에서 국립현충원으로 이어지는 길 대신 흑석동으로 내려가는 길로 가 보죠. 멀찍이 흑석자이아파트가 보이는 방향입니다. 이제부터는 완벽한 내리막길입니다. 길을 따라 쭉 걷다 보면 양옆으로 신축 아파트인 흑석자이와 흑석센트레빌을 차례로 만나게 됩니다. 흑석동 재건축의 뜨거운 바람을 피부로 느낄 수 있습니다. 조금 더 내려가니 새롭게 지은 은로유치원 맞은편으로 사람이 떠난 빈 다세대주택이 보입니다. 흑석재정비촉진지구의 9구역에 해당하는 곳입니다. 좁은 길을 사이에 두고 마주 선 흑석자이와 빈집은 마치 홈쇼핑에서 상품의 사용 전후를 보여 주는 것처럼 뚜렷하게 대비되는 이색 공간입니다.

오늘날 대한민국을 지배하는 주택 재건축 방식은 철거재개발입니다. 철거재개발은 기존의 주택을 완전히 해체하고 새 건물을 짓는 방식을 말합니다. 철거재개발은 기존 공간을 무(無)로 만들어 새로운 유(有)를 창출하는 방식이라 공간을 효율적으로 재구조화할 수 있다는 큰 장점이 있습니다. 하지만 다른 한편으로 철거재개발에 대한 회의적인 시선도 적지 않아요. 비판하는 사람들은 원거주민이 솟아오른 지대를 감당하지 못해 주변으로 밀려나는 철거재개발 방식의 구조적 한계를 지적합니다. 재개발이 주민의 젠트리피케이션을 야기하는 것입니다. 흑석재정비촉진지구 사업 계획도를 보면 두어 곳의 존치 관리 구역을 제외한 모든 공간이 순차적으로 아파트로 바뀔 예정이라고 하는데, 과연 10년 뒤 이곳은 어떤 모습으로 변화할까요?

9구역 예정지를 따라 중앙대학교사범대학부속중학교, 중앙대학교사범대학부속초등학교, 재미있는 이름의 까망돌도서관을 거치면 다시 중앙대학교병원 앞입니다. 그런데 유치원, 초등학교, 중학교는 있지만 어쩐지 고등학교가 보이지 않네요. 사정을 알아보니 중앙대학교사범대학부속고등학교(이하 중대부고)는 1997년 서울 강남구 도곡동으로 이전했고, 그 자리에 중앙대학교병원을 신축한 것이라고 합니다. 더 흥미로운 사실은 중대부고가 떠난 이후로 지금까지 흑석동에 고등학교가 없다는 점입니다. 이 정도 규모의 동네에 고등학교가 없다니 꽤 뜻밖이지요. 타의에 의하여 이웃 동네로 유학을 가야만 했던 흑석동 학생들은 2026년 설치가 확정된 흑석고 신축으로 마음을 위로받을 수 있겠습니다.

중대부고 이전과
흑석고등학교

지도만 보더라도 중앙대가 교육에 꽤 공을 들이고 있는 것을 알 수 있습니다. 유치원부터 대학교를 모두 가진 대학 재단은 중앙대와 더불어 경희대와 홍익대 정도입니다. 중앙대학교사범대학부속이라는 긴 타이틀을 줄여, 중대부유, 중대부초, 중대부중, 중대부고, 중앙대로 이어지는 빈틈없는 커리큘럼이지요! 이들 중 중대부고만 흑석동이 아닌 강남구 도곡동에 있어요. 1997년 도곡동으로 터를 옮긴 중대부고의 이전은 중앙대학교병원의 설립을 목적으로 이루어진 것이 특징입니다.

중대부고의 강남 이전은 동작구 흑석동에서 고등학교를 바깥으로 빼는 효과를 냈습니다. 중대부고의 이전 이후 30년 가까이 고등학교가 없었던 흑석동은 주변 지역으로 학생이 장거리 통학을 해야 하는 구조적인 학군 문제를 지니고 있었어요. 좀처럼 해결 기미가 보이지 않던 지역 문제였지만, 마침내 2026년에 흑석고등학교가 들어서기로 하면서 오랜 숙제가 해결되었습니다. 고등학교 신설은 이른바 흑석뉴타운으로 불리는 재정비촉진지구 지정 및 사업 추진이라는 광범위한 재개발의 또 다른 효과라는 점도 흥미로운 대목입니다.

효사정공원에 올라 흑석을 바라보다

중대병원에서 다시 흑석역 방향으로 걷다 보면 유독 자주 눈에 띄는 이름이 있습니다. 명수대약국, 명수대아파트, 명수대한의원, 명수대교회 등 명수대라는 이름이 자꾸 반복되지요. 답사를 마치기 전에, 주변을 조망할 수 있는 효사정공원에 올라가 봅시다.

효사정공원의 역사를 설명하는 푯말에는 이곳이 조선 전기의 문신 노한이 돌아가신 어머니의 시묘살이를 위해 지은 정자라고 쓰여 있습니다. 하지만 효사정의 정확한 위치는 확인할 수 없다고 합니다. 대신 일제강점기에 이곳에 세워졌던 일본 신사를 없애고 효사정을 놓은 것이라고 하네요. 실제로 일제강점기에 제작한 지도를 찾아본 바, 지금 서 있는 이 자리에 정확히 일본 신사 기호가 표기되어 있었습니다.

효사정공원은 그야말로 탁월한 조망권을 지닌 자리입니다. 한강 지척에 이렇듯 높게 솟은 언덕이 만들어진 까닭은 지리적으로 보자면 한강의 공격사면에 해당하는 위치이기 때문입니다. 하천이 곡선을 그리며 흐를 때, 바깥쪽을 공격사면이라 하고 안쪽을 보호사면이라고 합니다. 공격사면은 주로 침식이 이루어져 암반의 노출이 잦고, 맞은편의 보호사면은 하천이 운반하는 물질이 쌓이는 자리입니다. 일대의 지질도를 보면 한강의 보호사면, 그러니까 지금의 서울 이촌동 일대는 과거 모래가 쌓인 충적지였음을 확인할 수 있지요. 효사정에 오르면 용산 일대를 한눈에 굽어볼 수 있는 이유입니다.

'명수대(明水臺)'라는 지명도 사연이 깁니다. 1988년 지은 명수대 현대아파트를 비롯한 여러 건물에 들어간 이 이름 역시 과거 일본인 부호가 흑석동 일대에 일본인 주거지를 조성하는 과정에서 지어졌습니다. 명수대는 '맑은 한강이 흐르는 경치 좋은 곳'이라는 멋진 뜻을 담고 있지만, 친일 청산이란 역사적 흐름 속에 지금은 잘 쓰지 않는 이름입니다. 흑석동 곳곳에 있는 명수대라는 명칭이 들어간 아파트들은 이 동네에서 가장 나이가 많은 아파트들입니다. 만약 이들을 재건축한다면, 명수대라는 이름을 다시 사용하진 않겠지요.

나아가 흑석역 주변을 에워싼 다양한 상가에 들어간 명수대라는 이름도 명수대초등학교가 흑석초등학교로 교명을 바꿨듯이 재개발을 거치며 자취를 감출 겁니다. 아마도 그즈음이면 중앙대 교가 가사에서 명수대도 사라지지 않을까요? 가사 속 "노들의 강변 명수대 송림 속에 우뚝 선 중앙"이 "노들의 강변 효사정 송림 속에 우뚝 선 중앙"으로 바뀔 날을 기다려 봅니다.

옛 철도를 따라
미래 도시 용산까지
숙명여자대학교

숙명여대는 효창공원 바로 옆에 있습니다. 숙명여대를 중심으로 주변을 살피면 가장 먼저 서울역과 남영동이 눈에 들어옵니다. 바로 옆 용산으로 눈을 돌리면 전쟁기념관, 국립중앙박물관 등이 차례로 눈에 띕니다. 국립중앙박물관 뒤로는 주한미군이 사용하는 용산 기지가 있고요.

숙명여대와 가까운 지하철역도 한번 둘러볼까요? 숙명여대 또한 학교의 이름을 딴 역명을 갖고 있습니다. 1985년에 개통한 수도권 4호선 숙대입구역입니다. 그보다 훨씬 앞선 1974년 개통한 1호선 남영역이

나, 2000년 개통한 6호선 효창공원앞역도 숙명여대와 비슷한 거리에 있습니다. 그래도 우선 숙대입구역에서 출발해 볼까요? 숙명여대를 시작으로 효창공원을 지나 삼각지를 거쳐 용산까지 발걸음을 이어 보겠습니다.

숙대입구역 10번 출구를 나서니 쾌적한 한강대로가 눈에 들어옵니다. 숙명여대에 가려면 굴다리를 지나야 합니다. 정식 명칭은 갈월동지하차도이지요. 경의선 신촌역에서 연세대로 가는 길에도 비슷한 굴다리가 있었던 걸 기억하나요? 연세대학교가 오래된 경의선 자리였듯이, 이곳 역시 오래된 1호선 열차가 지나가는 자리입니다. 굴다리를 나가면 다시 쾌적한 청파로로 이어집니다. 왼쪽으로는 그 유명한 용산 전자상가, 오른쪽으로는 서울역이 자리 잡고 있습니다.

굴다리에서 만난 여러 갈래의 길

눈 앞에 펼쳐진 철로는 경부선과 수도권 전철 1호선이 다니는 길입니다. 서울역을 기점으로 뻗은 경부선을 따라가면 부산까지 닿을 수 있지요. 경부선은 각 권역의 핵심 도시인 서울, 부산, 대구, 대전을 엮는 중요한 철로입니다. 수도권 전철 1호선의 존재감도 상당하지요. 북동-남서 방향으로 수도권을 잇는 1호선은 북서-남동 방향으로 서울을 가로지르는 3호선과 X자로 교차하는 모양새입니다. 숙명여대는 그 한가운데, 서울 도심과 멀지 않은 곳에 위치해 있는 캠퍼스입니다.

갈월동지하차도 전경

    수도권 전철 1호선은 용산역을 지나 노량진을 거쳐 영등포로 이어집니다. 이 노선은 대한제국 시절에 서울의 핵심 교통수단이었던 전차 노선과 대동소이하지요. 서울 전차는 1899년 설치되었습니다. 오롯이 지상을 달리던 전차와 달리, 1호선 열차는 도심을 지나는 동안 지하로 길을 열었습니다. 전차가 시설 노후화 및 경영 적자를 견디지 못하고 폐지된 것이 1968년의 일이고, 수도권 전철 1호선은 1974년부터 순차적으로 개통했습니다. 당시까지 서울 도심의 교통 수단은 전차가 유일하다시피 하였고, 도심과 외곽의 연결성은 여전히 중요한 과제였지요. 세월이 지난 지금도 점점 넓어지는 수도권의

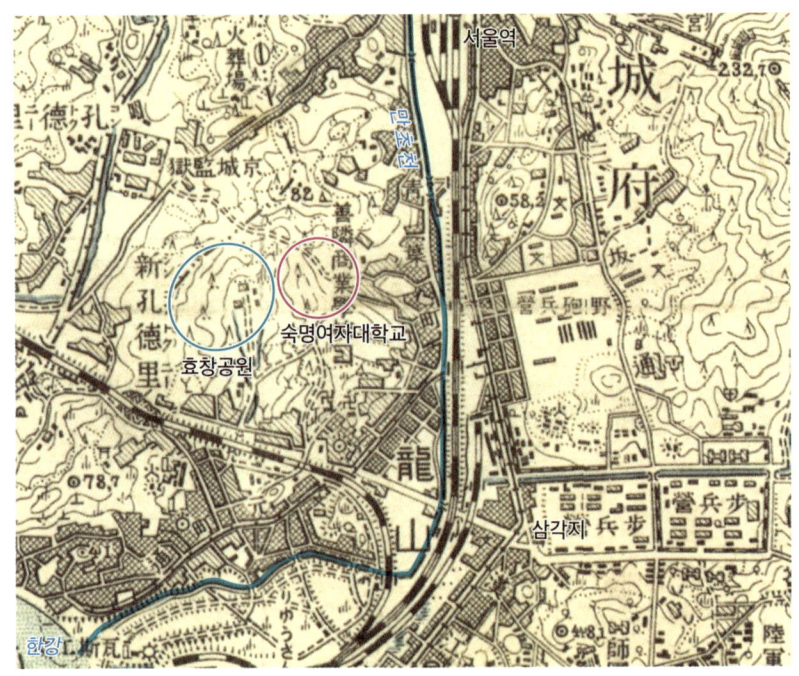

일제강점기에 제작된 지도를 보면 옛 만초천의 물길이 지금의 청파로임을 알 수 있다. 전차가 다니는 길과 철도가 다니는 길이 서로 엇갈려 용산으로 향하는 끝에는 세 갈래길이 나 있는데, 한강, 서울역, 이태원 방면으로 향하는 세 길이 마치 삼각형의 모양을 닮았다 하여 붙여진 삼각지라는 지명도 확인할 수 있다.

공간을 광역 교통수단으로 이으려는 노력이 이어지고 있듯이 말입니다. 익숙하게 지나치는 철로를 따라 옛 전차가 오갔다고 생각하면 기분이 묘해지지 않나요? 시간을 담은 공간은 매력적입니다.

　내친김에 한강대로와 청파로에 관해서도 살펴보겠습니다. 한강대로는 용산구 한강대교에서 서울역을 잇는 왕복 10차선의 도로이고, 청파로는 한강으로 유입하는 만초천을 콘크리트로 덮어 용산구

갈월동 지하차도에서 만난 지명의 속뜻

숙대입구역의 본래 이름은 갈월역입니다. 여느 학교들이 그러하듯, 숙명여자대학교도 지하철역에 교명을 넣기를 바랐다고 합니다. 그로 인해 개통 얼마 전에 역명이 바뀌었다고 하네요. 갈월의 갈(葛)은 칡을 뜻하는 한자어에요. 이 동네에 칡이 많았다는 데서 유래한 지명인데요, '갈월'이라는 지명은 갈월동지하차도는 물론 버스 정류장 등에서도 자주 볼 수 있습니다.

지도에서 갈월동의 행정구역상 경계를 보면 정확히 수도권 전철 1호선의 노선을 따라 청파동과 분리되어 있음을 알 수 있습니다. 그렇다면 철도가 놓인 이후 갈월동의 행정구역이 만들어진 것일까요? 그렇지는 않습니다. '갈월'이라는 단어가 처음 등장한 건 1894년 갑오개혁 때로, 수도권 전철 1호선 뿌리인 경인선이 개통되기 전이거든요. 독특한 행정 경계의 근거는 무악재와 남산에서 발원해 한강으로 흘러드는 '만초천'에서 찾아야 합니다. 만초천의 다른 이름이 넝쿨내이니, 이 일대에 칡이 정말 많기는 많았나 봅니다.

갈월동의 이름 뿌리를 추적하는 동안에는 '부룩배기'라는 정겨운 말도 찾아볼 수 있습니다. 부룩은 볼쑥 솟은 곳의 꼭대기 또는 비탈진 곳을 뜻합니다. 부룩배기는 곧 일대에 언덕이 있었음을 뜻하는 용어죠. 보통 장승이 솟은 곳을 장승배기, 언덕이 솟은 곳을 언덕배기라고 부르는 것과 비슷합니다.

이촌동과 중구 중림동을 이은 왕복 6차선의 도로입니다. 전차가 다니는 철로를 따라 두 도로가 나란히 놓인 셈이지요. 핵심 철로를 따라 두 노선의 큰 도로가 곁에 붙은 까닭은 도심을 향하는 교통 수요의 증가 때문입니다.

6·25전쟁 후 서울로의 과도한 인구 집중은 도심의 과포화를 불러왔습니다. 외곽의 인구는 백화점, 행정 기관 등의 서비스 이용을 위해 도심으로 가야 했고, 이런 수요를 따라 서울시는 1966년 시영 버스를 도입했어요. 버스 수요의 증가로 주변 지역과의 연결성이 중요해지면서 한강대교를 건너 노량진·영등포로 나아가는 한강대로, 원효대교를 건너 여의도를 지나 영등포로 이어지는 청파로의 연결이 여러모로 필요했던 것이지요.

그 당시 영등포의 위상은 지금보다 더 높았습니다. 오늘날 강남이 개발되기 이전의 원조 강남(한강 이남)이었거든요. 한강대교가 청파로보다 넓은 도로가 된 까닭을 추론할 수 있는 대목이지요. 한강대교는 당시 여의도 개발이 본격화하기 전 노량진과 영등포를 직접 연결하는 최단 노선이었기 때문이에요.

청파동에 움튼 숙명여자대학교의 공간

이제 다시 갈월동지하차도를 지나 효창공원과 숙명여대 방향으

숙명여대 제1캠퍼스 정문

로 길을 잡아 봅시다. 깔끔하게 정비된 보도블록 옆으로 크고 작은 상점이 즐비하게 늘어서 있네요. 아무래도 여대 앞 상권이다 보니 여성들이 선호할 법한 가게들이 더 쉽게 눈에 띕니다. 미용 가게, 화장품 상점, 떡볶이를 내세운 분식집 등이지요. 편도 1차선의 좁은 도로엔 많은 사람이 오가고 제법 분주합니다. 중간쯤 걸어가면 반대편 방향으로 나아갈 수 있는 편도 1차선의 도로가 만나는 지점이 나타납니다. 두 갈래의 편도 길이 나뉘는 가운데 '말죽거리 꽈배기'라는 간판이 시선을 잡아끕니다. 말죽거리는 과거 파발을 위해 말에게 죽을 먹이는 곳에 붙은 우리식 이름입니다. 이곳 청파동도 역시 고려시대

청파로47길을 사이에 두고 둘로 완벽하게 나뉜 캠퍼스 구조가 특징적이다.

부터 청파역(靑坡驛)이 있던 동네이고요.

 푸를 청, 고개 파를 묶은 청파동이라는 지명은 지리적으로 절묘하게 느껴집니다. 푸른 고개가 파도처럼 넘실거리는 듯한 느낌을 주는 이름인데, 이는 실제로 시·원생대의 파랑상의 편마암 구릉 지역의 특징이거든요. 구릉이란 언덕을 뜻하고, 파랑상은 '파도 모양처럼 생긴'이라는 뜻을 담고 있습니다. 시·원생대는 아주 까마득한 옛날이지요. 오래전에 만들어진 땅이 시간의 흐름 속에 꾸준히 몸을 낮추는 과정에서 구릉이 연속적으로 이어지는 모습을 갖추게 되는 것입니다. 오르락내리락하는 물결처럼 말이지요. 이러한 편마암 구릉은 강남 일대와 영등포 일대, 신촌 일대까지 넓게 펼쳐져 있습니다. 나아가 편마암 지역은 토양층이 두껍게 발달하는 특징이 있어서 나무가 빼곡하게 자랄 수 있기도 합니다. 푸른 나무와 넘실대는 언덕이 만나 청파동을 이루게 되는 것이지요.

상권으로 이어진 청파로47길을 따라 조금 더 거슬러 오르면, 숙명여대 정문입니다. 신기하게도 숙명여대 캠퍼스는 왕복 2차선의 길 사이로 캠퍼스가 나뉘어 있습니다. 도로가 캠퍼스를 나누고 있다는 것은 무슨 뜻일까요? 원래의 캠퍼스에서 도로 건너편으로의 부지 확장이 있었음을 뜻하는 것이겠지요. 앞서 살펴본 고려대 안암캠퍼스도 부지를 확장하는 과정에서 캠퍼스가 크게 둘로 나뉘었다는 인상이었지만, 숙명여대는 아예 도로가 둘로 나누고 있는 모양새입니다. 한쪽에서 다른 쪽으로 가려면 무조건 도로를 건너야 하니, 조금 불편할 듯도 싶습니다.

숙명여대는 최초의 민족 여성 사학이라는 상징성을 지닌 학교입니다. 숙명여대는 1906년 대한제국 황실의 후원으로 설립되었습니다. 순헌황귀비 엄씨가 여성 교육에 관심을 두고 나랏돈으로 설립한 명신여학교가 숙명여대, 나아가 숙명여중·고의 뿌리가 된 것이지요. 숙명(淑明)이라는 이름도 정숙(貞淑), 현명(賢明)이라는 교훈에서 가져온 것입니다.

숙명여대 본관인 순헌관 전경

작지만 아름다운 숙명의 캠퍼스

제1캠퍼스 바로 앞이 숙명여대의 본관인 순헌관입니다. 순헌관의 가운데는 숙명여대의 상징, 눈 결정체를 형상화한 조형물이 달려 있습니다. 눈 결정 상징은 소리 없이 내리는 아름다운 눈송이의 자태로 미래를 향해 도전하며 늘 깨어 있으라는 숙명인의 염원을 담은 거라고 합니다. 마스코트 캐릭터인 '눈송이'가 너무 귀엽고 예쁘지요? 순헌관 왼편으로는 주차장인데, 그곳에선 청파동 주택가를 내려다볼 수 있습니다. 숙명여대가 청파동의 구릉을 깎아 터를 다진 곳임을 실감할 수 있는 풍경이지요.

숙명여대는 녹지 공간이 풍부하다. 학교 마스코트인 눈송이 캐릭터가 보인다.

순헌관을 지나서 진리관, 명신관, 새힘관을 차례로 돌면 어느새 제1캠퍼스 구경이 끝납니다. 화려하진 않지만 녹지 비율이 워낙 높아 포근하고 안락한 캠퍼스입니다. 마치 야생화에 살포시 내려앉은 눈처럼, 오가는 사람의 마음을 다독이는 느낌을 준다고 할까요? 다시 정문을 향해 언덕을 내려가 길을 건너 보겠습니다. 스타벅스 숙명여대정문점이 입점한 르네상스플라자를 위시한 아름다운 건축 공간은 확실히 제1캠퍼스보다 나중에 조성된 장소임을 알려 줍니다. 이곳은 제2창학캠퍼스입니다.

자유문과 다목적관을 지나 얕은 오르막과 내리막을 반복하면 빨간 벽돌로 지은 단정한 차림새의 공간이 반겨 줍니다. 과학관, 중앙도

깔끔하게 단장된 눈꽃광장홀을 중심으로 왼쪽에는 음악대학과 르네상스플라자, 오른쪽에는 미술대학과 프라임관이 이어진다.

서관 등이 있는 공간이에요. 제2창학캠퍼스 또한 학교의 아름다움을 더해 주고 있습니다. 건물 사이마다 충분한 녹지 공간을 둔 것이 포인트이지요. 덕분에 꽤 높은 건물임에도 위압감이 들지 않습니다. 적벽돌과 어우러진 녹음의 공원이 도서관으로 향하는 발걸음을 가볍게 만들어 주는 것 같습니다. 도서관을 빠져나가면 다시 주택가가 나타나고, 주택가를 따라 오르면 다시 도서관 뒷길로 이어집니다. 아기자기한 조경과 건물에 연신 감탄하다 보면 다시 프라임관 앞입니다.

프라임관을 끼고 르네상스플라자를 거쳐 정영양자수박물관 뒤로 음악 및 미술대학이 마주 보고 서 있는 구조입니다. 그 뒤로 약학대학과 사회교육관이 또 나란히 서 있고요. 가운데 광장은 눈꽃광장 홀입니다. 넓은 컨벤션 홀처럼 꾸민 공간 위를 광장으로 덮어 새로운 공간을 창출하려는 의도가 엿보입니다. 눈꽃광장홀은 확실히 숙명의 미래를 담은 공간이라는 느낌을 줍니다. 숙명여대의 새로운 공간을 보고 있자니, 이번에도 어김없이 서울 소재의 대학들이 추진하는 지하화를 통한 공간 창출의 문법이 떠오릅니다. 지하 공간의 활용은 경사지가 많은 서울의 대학이라면 더 나은 대안을 찾기 힘든 유일한 선택지가 아닐 수 없습니다.

숙명여대 곁 효창공원의 이력

숙명여대를 나와 청파로47길을 거슬러 오르면 이내 효창공원입니다. 왕릉을 떠올리게끔 하는 기와를 올린 돌담을 끼고 일단 정문으로 가 보겠습니다. 정문에서 오른쪽은 임정 요인 묘역으로, 일제강점기 중국 상해에 세워진 대한민국임시정부의 주요 인물들을 기리기 위한 곳입니다. 숙연한 마음으로 잘 정돈된 공원을 걸으면서 안중근 가묘, 의열사, 백범 김구 묘역을 차례로 만날 수 있었습니다. 그런데 안중근 의사(義士)의 묘는 어째서 가묘일까요?

안중근 의사가 중국 하얼빈에서 당시 조선 총독이었던 이토 히로부미를 처단했다는 것은 모두 알고 있지요? 그의 소원은 오직 하

이봉창 의사 등 임정 요인들이 묻힌 묘역과 안중근 의사 가묘

나, 국권을 회복하여 빼앗긴 나라를 되찾는 일이었습니다. 거사를 치르고 교수형으로 생을 마감한 그는 국권을 회복하면 고국의 땅에 묻어 달라는 유지를 남겼습니다. 그런데 당시 일제는 안중근 의사의 묘를 만들면 독립운동의 정신적 지주로서 기능할 것을 염려했다고 합니다. 그의 묘가 임시로 만들어 놓은 가묘가 되었다는 것은, 결국 그의 유해를 찾을 수 없다는 뜻이지요. 안중근 가묘 옆에 모셔진 세 명의 의사의 묘가 그나마 작은 위로를 줍니다. 독립을 위해 모든 것을 바친 삼의사인 이봉창, 윤봉길, 백정기 그리고 아직 유해를 찾지 못한 안중근 의사의 숭고한 헌신을 깊이 되새기고 걸음을 옮기도록 해요.

대한민국임시정부 요인과 삼의사의 영정이 모셔진 의열사를 지나니 백범 김구 묘역이 나타납니다. 바로 옆에는 백범기념관도 있네요. 백범 김구는 해방을 맞을 당시 대한민국임시정부의 주석이었습니다. 독립을 맞아 귀국한 그는 분단이 아닌 민족 통일 정부 수립을 위해 노력하던 와중에 1949년 육군 소위 안두희의 총탄으로 급작스럽게 서거했습니다. 백범 김구의 묘는 그와 뜻을 모았던 삼의사가 잠든 효창공원에 조성되었습니다.

이쯤에서 효창공원에 관해 좀 더 자세히 알아볼까요? 효창공원의 전신은 효창원입니다. 조선 정조의 장자로 어린 나이에 작고한 문효세자의 묘소가 실은 이곳 효창원의 뿌리이지요. 이후 문효세자의 생모인 의빈 성씨와 순조의 후궁인 숙의 박씨 등의 묘가 만들어지면서 이른바 왕실 묘원이 된 곳이 바로 효창원입니다. 효창원이 훼손되기 시작한 건 청일전쟁 중 일본군이 주둔하면서부터입니다. 나아가 일제가 패망 직전인 1945년 3월 효창원의 왕실 묘를 모두 지금의 서삼릉으로 옮기면서 왕실 묘원으로서의 의미가 크게 바래고 말았습니다. 일본이 패망한 후 김구 선생이 효창원을 선열 묘역으로 조성하면서, 뜻을 모았던 삼의사와 안중근 의사의 가묘를 모신 게 지금의 효창공원이 되었습니다.

백범기념관을 나서면 효창운동장이 바로 코앞에 있습니다. 첫눈에 보면 급격한 도시화의 과정에서 조성된 운동장으로 보이지만, 효창공원과 가까워도 너무 가깝다는 점이 호기심을 불러일으킵니다.

효창운동장의 이력서까지 한번 들춰 볼까요? 효창운동장은 이승만과 박정희 정부 때 선열 묘역을 외곽으로 옮기고 축구 경기장이나 골프장을 지으려는 계획이 부분적으로 실행된 사례입니다. 효창운동장까지 본디 효창공원이었다니, 본 모습이 꽤 아름다웠으리라는 생각이 듭니다. 서울미래유산이 된 효창운동장을 뒤로하고, 다시 효창공원앞역으로 향하겠습니다.

효창공원앞역을 지나 삼각지역으로 걸으면서 생각한 용산

탁 트인 개방감이 좋은 왕복 6차선의 백범로 곁으로 효창공원앞역의 출구가 보입니다. 출구 뒤로는 깔끔하게 정돈된 경의선숲길입니다. 서강대의 공간을 탐구하며 살펴보았던 경의선숲길이 이곳까지 이어지고 있는 것입니다. 경의선숲길은 폐선로 구간을 지하화하고 그 위에 공원을 조성하여 보행 편의와 공간 접근성을 높인 사업으로 평가받고 있어요. 경의선숲길을 기준으로 좌우로 주택가와 신축 아파트가 이어지고, 저 멀리 고층 빌딩이 시야에 들어옵니다. 도로변으로 제법 재개발이 활발하게 이루어진 느낌을 주는 길입니다. 숙명여대 일대의 청파동을 거닐 때는 아파트 단지를 볼 수 없는데, 백범로 일대는 완전히 다른 동네를 걷는 기분을 느끼게 합니다.

용산역 고가도로에서 바라본 철길

고층 주상복합 아파트 단지를 끼고 걸으면 이내 숙대입구역에서 만난 철로와 다시 마주칩니다. 숙대입구역에서는 지하 차로로 기찻길을 건넜다면, 백범로에선 고가차도로 건널 수 있습니다. 도로 옆길을 따라 아래로 기차가 지나다니는 고가차도를 걷는 재미가 쏠쏠합니다. 고가차도 밑을 걷다 보면 일본식 적산 가옥의 형태를 띤 건물을 발견할 수 있습니다. 어느덧 용산과 삼각지 일대에 가까워진 것입니다.

용산의 존재감은 대동여지도에서도 빛이 납니다. 대동여지도에서 용산을 찾으면 지금의 한강으로 뻗은 산줄기 사이로 만초천이 선명하게 모습을 드러내고 있음을 확인할 수 있습니다. 만초천은 앞서 걸었던 청파로 밑으로 흐르는 숨은 하천이지요. 옛 지도를 보면 삼각지 주변으로 미군 기지가 자리 잡은 공간보다 외려 마포와 공덕 방향, 즉 방금 걸어왔던 효창공원 일대가 용산의 뿌리에 더욱 가깝다는 걸 알 수 있습니다.

조선시대 용산 일대는 서해에서 밀물이 밀려드는 구간의 끝자락이었습니다. 그래서 상당한 크기의 선박도 드나들 수 있었지요. 이는 용산이 한강의 나루터 기능과 육상 교통로의 기능을 겸비할 수 있는 접근성이 뛰어난 공간임을 뜻합니다. 용산 뒤로 우뚝 솟은 남산에서는 용산 일대를 굽어보며 지정학적 전략을 짜기에도 수월했을 겁니다. 일본은 남산 서쪽과 남쪽의 산자락을 이용해 넓은 용산 일대 저습지와 구릉대를 활용해 터를 잡았습니다. 조선신궁을 놓기도 했고, 군대를 주둔시키기도 했지요. 조선 총독이 관저를 용산에 놓고 통치 기반을 마련했던 이유입니다.

삼각지 교차로에 서면 저 멀리 남산타워가 굽어보는 미래 도시 용산의 이미지가 어렴풋이 떠오릅니다. 전쟁기념관을 지나면 이태원 방면으로 이어지는 길입니다. 우리는 이쯤에서 한강대교 방면으로 꺾어 용산역에 가 보도록 해요. 숙대입구역에서 한 차례 만났던 한강대로를 따라 걸으면서 탁 트인 전경을 즐길 수 있습니다.

용산역에 다다르면 아름다운 건축 외관이 눈길을 잡아끄는 아모레퍼시픽 사옥과 아이파크몰, 각종 주상복합아파트 등 초고층 건물

한강대로를 지나는 육교 위에서 바라본 남산타워 일대 전경

이 보는 사람을 압도하는 듯합니다. 초고층 빌딩을 뚫고 나오면, 방탄소년단이 속한 빅히트엔터테인먼트 본사가 나타나고요. 곳곳에 지어 올리는 건물 외벽 사이로 '미래 도시 용산'이라는 표어가 보입니다. 이제는 전자상가가 아닌 미래 도시로 나아가는 용산의 변화가 본격화했음을 느끼게 하는 대목입니다. 미래 도시 용산의 10년 후 모습이 여러분도 궁금하지요?

두물머리 위로
구름다리를 지나다
한양대학교

고려대학교는 캠퍼스 부지의 일부를 6호선에 할애하면서 고려대역을 캠퍼스 안에 들인 바 있습니다. 한양대학교도 그렇습니다. 2호선 한양대역 2번 출구인 애지문에서 한 걸음만 떼면 바로 한양대 서울캠퍼스가 나오지요. 역에서부터 정문까지 약 1,900걸음 걸어야 도달할 수 있다는 서울대학교를 떠올려 보면, 캠퍼스에 지하철역을 품을 수 있다는 것이 학생에게 얼마나 큰 편의를 주는지 실감할 수 있습니다.

이번 여행의 출발점은 한양대역 2번 출구 애지문입니다. 애지문은 한양대의 건학 이념인 애지실천(愛之實踐)에서 따온 이름입니다. 사랑 애

(愛)와 지혜 지(智)를 합한 뜻이 참 좋지 않나요? 애지문을 나서는 한양대 학생들은 충만한 사랑과 지혜를 품고 캠퍼스를 향해 힘차게 걸을 수 있을 것 같습니다.

지상역인 2호선 뚝섬역을 지나 이내 어두운 터널로 들어서더니, 바로 한양대역에 도착합니다. 2번 출구 계단을 오르니 마치 온실 정원의 지붕처럼 햇빛이 투과하는 유리 천장의 게이트가 보입니다. 게이트를 통과하자마자 고즈넉한 역사관과 그 앞에서 포효하는 사자상이 우리를 반겨 주네요. 마지막 여행지인 한양대로 떠날 준비가 됐나요?

한양대의 뿌리 공간

한양대의 상징 동물은 사자입니다. 대학마다 있는 상징 동물은 맹수이거나 전설 속 동물인 경우가 많지요. 한양대는 진취적이고 도전적인 인재를 양성한다는 취지에서 사자를 상징 동물로 선택했다고 합니다. 한양대 학보에 따르면, 사자상 위에서 사진을 찍거나 사자 이빨을 행운의 부적으로 여겨 훔쳐 가는 일이 많았다고 해요. 여느 대학과는 달리 사자상을 올린 탑을 나지막하게 만든 탓입니다. 낮은 자세로 포효하는 사자상 뒤로는 마치 그리스의 파르테논신전을 떠올리게 하는 역사관이 펼쳐져 있습니다. 열주가 아주 아름다운 건물이지요. 사자상을 받치는 탑이 높으면 안 되는 이유는 멋진 경관의 연출 때문이었나 봅니다.

애지문이 곧 한양대역 2번 출구이자 한양대 캠퍼스이다.

　역사관은 옛 본관 건물입니다. 그래서 구(舊) 본관으로도 불리지요. 1956년에 지은 역사관은 캠퍼스에서 가장 오래된 건물이자 국가등록문화유산이기도 합니다. 잠시 구 본관 계단에서 건물의 역사를 들춰 볼까요? 화강암 석재로 단단히 외피를 입힌 신고전주의 양식의 건물은 1963년 화재 이후 증축하며 만든 것입니다. 바로 곁에는 2009년에 새로 지은 신(新) 본관이 또 다른 각도에서 사자상을 바라보고 있고요. 신 본관은 독일 훔볼트대학의 상징탑을 오마주한 건물입니다. 훔볼트대학은 유럽에 세계의 다채로움을 알린 탐험가이자 지리학자인 알렉산더 폰 훔볼트(Alexander von Humboldt)의 형이 세운

한양프라자와 역사관 앞의 전경

학교입니다. 신 본관 앞에는 마치 훔볼트의 호연지기를 본받아 미래를 향해 나아가자는 듯, 설립자 동상의 손가락이 하늘을 가리키고 있습니다.

한양대의 설립자는 백남(白南) 김연준 박사입니다. 그는 1939년에 동아공과학원을 설립한 뒤 1959년 한양대를 지금의 종합대학으로 키웠습니다. 1939년이라는 설립일을 눈여겨보아야 합니다. 당시에는 지금 한양대의 자리에 대학 캠퍼스를 조성하기 쉽지 않았거든요. 일제강점기만 하더라도 대학의 뿌리 공간은 대부분 서울 종로 일대였어요. 한양대의 동아공과학원의 자리 또한 원래는 서울 종로구 경운동이었습니다. 지금의 자리로 옮긴 것이 1953년이니, 1956년에 지은 역사관이 캠퍼스에서 가장 오래된 건물이었던 것이지요.

정몽구미래자동차연구센터

공과대학의 위상과 구름다리의 비밀

본격적으로 캠퍼스를 둘러보겠습니다. 국제관을 지나면 박물관 앞 갈림길이 나옵니다. 좌우를 살피다 보니 자연스럽게 발길이 왼쪽으로 향합니다. 랜드마크 같은 위용을 자랑하는 정몽구미래자동차연구센터 때문이지요. 현대자동차그룹 명예회장 정몽구의 기부로 지어진 건물임을 직감할 수 있는 이름입니다. 여러분도 예상했겠지만, 정몽구는 한양대 공과대학 출신입니다. 우리가 지금 있는 이곳이 '한양공대'의 핵심 공간입니다. 한양대 공과대학이 아닌, 한양공대라는 이름 자체가 고유명사처럼 알려져 있지요. 실제로 한양대의 전신인 한

한양대 노천극장 주변으로 주요 공과대학 건물이 병풍처럼 둘러서 있다.

양공대는 종합대학 한양대의 뿌리라고 해도 과언이 아닙니다. 노천극장을 중심으로 신소재공학관, 공업센터본관, 과학기술관 등 온통 공과대학 계열 건물이 방사상으로 둘러싸고 있는 모양새입니다.

노천극장에서 한참을 내려가 공과대학 건물을 한 바퀴 둘러봤다면, 대운동장을 향해 나아갈 차례입니다. 여기서 잠깐, 공업센터본관과 제2공학관 건물을 잇는 구름다리를 지날 즈음이면 한 가지 궁금증이 샘솟을 거예요. 공대 건물을 도는 동안 내내 구름다리를 볼 수 있거든요. 공업센터본관을 중심으로 별관, 퓨전테크센터, 신소재공학관, 제2공학관 이렇게 다섯 동이 모두 구름다리로 엮여 있습니다. 한양대는 이러한 건축 방식을 '한양 공법'이라고 부르고 있습니다.

한양대학교 곳곳에서 구름다리를 만날 수 있다.

한양 공법은 경사가 심한 캠퍼스 특성을 십분 활용하여 서로 다른 층의 건물을 구름다리로 연결한 참신한 방식입니다. 예를 들어, 한 건물의 정문으로 들어가면 2층이 나오고, 거기서 다시 구름다리를 건너면 그 옆 건물의 3층으로 이어지는 방식인 겁니다. 대운동장 맞은편으로 보이는 통유리의 높은 엘리베이터 구조물을 보니, 경사지 이동의 편의성을 높이려는 한양대의 노력이 새삼 돋보입니다. 퓨전테크센터 옆은 공사가 한창이었는데요, 공사 조감도를 보니 구자겸기계관을 신축 중이었어요. 역시나 퓨전테크센터와 연결되는 구름다리의 모습도 찾을 수 있습니다. 구자겸은 현재 NVH코리아 회장입니다. 예상하다시피 그도 한양대 기계공학과 출신이에요.

문사철과 예술의 공간에서 마주한 놀라운 곳

대운동장을 따라 오르면 법학관 건물입니다. 법학관을 따라 오른편으로 한양예술극장과 올림픽체육관이 보이고요. 이른바 음(音)·미(美)·체(體)의 공간을 완성하는 음악관은 법학관 뒤편에 있습니다. 한양대는 공과대학 못지않게 예술 분야에서도 두각을 나타내는 대학으로 유명합니다. 한양예술극장은 이름처럼 오페라, 연극 등 문화예술 공연을 전문으로 하는 공간이에요. 그런데 올림픽체육관이라는 이름이 낯익게 느껴집니다. 올림픽이라면 물론 1988년에 개최한 서울올림픽이 떠오르지요? 예측대로 올림픽체육관은 1986년 서울아시안게임과 1988년 서울올림픽 당시 배구 경기를 치른 체육관입니다. 지금은 한양대 배구부와 농구부 전용 체육관으로 쓰이고 각종 대회도 열린다고 하는데, 여러모로 존재감이 큰 건물입니다.

올림픽체육관 옆으로 난 보도블록을 따라 나가면 느닷없이 활짝 열린 전망이 나타납니다. 캠퍼스의 지리적 밑그림을 그리기 더없이 좋은 자리입니다. 일제강점기와 오늘날의 지도를 두루 살펴보면, 흥미로운 요소를 발굴해 낼 수 있습니다. 결론부터 말하자면 한양대 자리는 두물머리입니다.

두 물줄기가 만나는 곳을 한자로는 양수(兩水), 우리말로는 두물머리라고 합니다. 전국적으로 알려진 두물머리로는 남한강과 북한강

한양대의 자리는 청계천과 중랑천이 만나는 두물머리 옆 화강암 암반으로 높게 솟은 언덕 자리다. 살곶이다리는 조선시대 송파 방향에서 한양으로 드나드는 핵심 교통로 중 하나였다. 옛 지도를 보면 멀지 않은 곳에 있는 건국대의 일감호가 상대적으로 낮은 지대에 물을 가둬 메운 호수임을 알 수 있다.

이 만나는 경기 양평군의 두물머리가 있습니다. 하지만 따지고 보면 두물머리는 전국에 정말 많지요. 지금 서 있는 이곳 한양대 캠퍼스의 올림픽체육관에서 내려다보는 낮고 평평한 지대 또한 중랑천과 청계천이 만나 한 몸을 이루는 두물머리입니다. 청계천을 따라 놓은 내부순환로와 중랑천을 따라 놓은 동부간선도로가 하나의 분기점에서 만나는 것처럼요!

본래 두 물줄기는 서로 만나는 곳에서 흐름의 속도가 느려집니다. 유속이 느려진다는 것은 물줄기가 운반하던 자갈, 모래, 점토 등을 내려놓는 자리라는 뜻입니다. 물질의 퇴적이 이루어지는 공간은 넓고 평평한 습지로 남는 경우가 많습니다. 한양대 인근 너른 퇴적 공간의 이름은 장안평(長安枰)입니다. 장안평은 1970년대 여러 곳에 흩어져 있던 중고차 시장을 한데 모은 곳이자, 오염된 수질을 정화하는 중랑물재생센터가 있는 곳입니다. 나아가 서울교통공사 군자차량사업소, 성동자동차검사소 등 넓은 땅이 필요한 시설이 집중되어 있습니다. 특히 하수를 정화하는 시설이 이곳에 있는 까닭은 자명하지요. 엄청난 인구와 상업 시설이 밀집한 동네를 휘감아 나오는 청계천과 중랑천의 끝자락이기 때문이에요.

그러고 보니 한양대는 서울 성동구 사근동에 있습니다. 사근(沙斤)은 신라시대의 절 사근사가 지금의 한양대 캠퍼스 자리에 있었다는 데서 유래한 이름입니다. 사근은 조선시대에 성저십리(城底十里), 다시 말해 한성부 사대문 밖 10리 이내의 지역에 포함된 곳이기도 합니다. 성저십리의 주된 역할이 도성에 물자를 공급하던 농경 지역이었다는 데서 사근의 유래를 짐작할 수 있습니다. 얼마 전까지도 모래밭에서 잘 자라는 미나리와 채소를 재배하던 곳이었다고 하니, 왜 '모래 사(沙)'가 지명에 들어갔는지 짐작할 수 있겠습니다.

한양대 인근의 지질도

캠퍼스 주변 공간의 몇 가지 속삭임

캠퍼스 동쪽 끝인 올림픽체육관의 위치는 고지대여서 충분히 절이 있을 법합니다. 옛사람들은 이 넓은 모래밭을 활용해 생활을 꾸려 나갔겠지요. 신기하지 않나요? 신기한 점이 한 가지 더 있습니다. 대동여지도로 이곳의 자리를 보면 지명이 바로 신촌(新村)이거든요.

주변의 살곶이라는 지명도 눈에 띕니다. 살곶이 하면 살곶이다리가 유명하지요. 살곶은 전곶(箭串), 즉 화살촉을 뜻하는 지명입니다.

태조 이성계가 한양에 도읍을 정하고 동쪽을 향해 쏜 화살이 이곳에 박혔다는 전설이 전해 내려오는 장소이지요. 지명의 유래보다 중요한 점은 살곶이다리를 통해 한성부에서 강릉, 송파, 충주 등으로 나아갈 수 있었다는 데 있습니다. 이 일대가 이른바 교통의 요지였다는 것이지요. 살곶이다리는 대동여지도와 일제강점기 당시 제작된 지도는 물론, 시대별 지형도와 첨단의 스마트 지도에 남아 여전히 시간의 무게를 감당하고 있습니다.

공간의 이야기를 시작했으니 높은 곳에 자리한 한양대 캠퍼스의 본질을 조금 더 파헤쳐 보기로 하지요. 한양대는 서울 강북 일대에서 상당한 비중을 차지하는 화강암 지역의 끄트머리에 있습니다. 서울의 화강암은 땅 갈라짐 정도에 따라 북한산, 도봉산, 불암산처럼 높은 산지로 남기도 하고, 사대문 안처럼 낮고 평평한 땅으로 남기도 합니다. 화강암 지역의 하천은 화강암이 쪼개져 만들어진 모래를 운반합니다. 특히 중랑천과 청계천이 만나는 자리라면 모래가 쌓이는 양은 어마어마했을 거예요. 그게 바로 장안평이고요. 그러고 보니 살곶이다리도 화강암을 쪼개 이어 붙인 다리네요.

장안평에서 조금 더 내려가면 녹음이 짙은 서울숲을 만날 수 있습니다. 서울숲은 과거 큰 모래섬이던 저자도(楮子島)의 일부입니다. 저자도가 만들어지는 곳도 실은 두물머리입니다. 중랑천이 한강으로 들어가는 머리에 해당하는 곳이라 가져온 모래를 내려놓을 수밖에 없는 자리이지요. 한양대 캠퍼스의 지대가 높은 것도 실은 두물머리라서 가능한 일입니다.

두 물줄기가 만난다는 것은 또한 땅 갈라짐이 교차하는 곳이라는 것을 의미합니다. 공교롭게도 땅 갈라짐의 영향에서 한발 물러선 곳은 상대적으로 덜 깎여 나가 높은 암반으로 남는 경우가 있습니다. 강원 춘천시의 봉의산, 충남 논산시의 옥녀봉, 충북 충주시의 탄금대는 두 물줄기가 만나는 곳에 높게 솟은 고지대라는 지리적 공통점이 있습니다. 한양대의 건물을 모두 걷어 내고 과거의 모습을 상상해 보면, 멋들어진 화강암 암반이 주변 풍경과 제법 잘 어울렸을 것 같지 않나요? 그러고 보니 중랑천과 한강이 만나는 곳에서는 응봉산이 남다른 존재감을 뽐내고 있습니다. 응봉산 팔각정은 서울의 사진 명소로 알려져 있죠. 높은 지대에 위치한 덕분입니다.

한양의 가장 높은 곳에 오르다

이제 한양초등학교, 한양여자대학교를 차례대로 지나 경영관 앞으로 가 볼까요? 행원파크로 불리는 잘 정돈된 공원 가운데서 주변을 둘러보면, 사이버2관이라는 건물 이름이 눈에 띕니다. '사이버관'이라니, 이름이 신기하지요? 바로 한양사이버대학교 건물입니다. 4년제 사이버대학이 서울캠퍼스에 공존하는 모습을 보니 한양대가 현실과 가상을 아우르는 대학을 충실히 키워 내고 있다는 생각이 듭니다.

학술정보관 앞 세븐일레븐 편의점의 흥미로운 간판

한양사이버대는 전국 최고의 사이버대학으로 자리매김한 지 오래이지요.

사이버1관을 지나면 또다시 재기발랄한 이름의 편의점이 눈길을 잡아끕니다. 간판은 세븐일레븐 편의점인데, 상호는 '사자가 군것질할 때'라고 씌어 있네요! 한양대의 상징 동물인 사자가 군것질하는 모습을 떠올리니 재미있지 않나요? 매우 크고 웅장한 바로 옆 건물은 백남학술정보관입니다. 한양대의 도서관이지요. 아무래도 도서관은 대학에서 굉장히 중요하게 여기는 건물이다 보니 설립자의 호를 붙이고, 여러 번 증축하는 과정도 거친 듯합니다.

다음으로는 사범대학을 향해 걸어 봅시다. 사범대학 본관에선 역사관에서 봤던 열주를 또다시 볼 수 있습니다. 한눈에 봐도 건축한 지 얼마 안 된 것 같은 건물인데, 역시나 리모델링을 거쳐 2008년에

'정력 계단'이라고도 불리는 158계단

지금의 세련된 모습을 갖추었다고 하네요. 사범대학을 끼고 알록달록한 벽면이 이색적인 자연과학관 로터리를 돌면 가파른 계단 옆 전망이 좋은 카페가 나타납니다. 이곳이 한양대 캠퍼스에서 가장 높은 지대이지요. 탁 트인 전망대에서 왕십리 일대의 높은 주상복합아파트 군락을 지켜보노라면, 그 사이로 흘러 나가는 중랑천과 저 멀리 서울숲의 모습이 한눈에 들어옵니다.

눈앞에 펼쳐진 계단의 이름은 158계단입니다. 당연히 계단의 숫자가 158개겠지요? 학생들은 이 계단을 '정력 계단'이라고 부른다고 하네요. 사범대·인문대 학생이라면 지하철에서 내려 이 계단을 오르는 게 건강에 좋을 테지만, 여유가 있다면 조금 돌아가는 것도 괜찮을 듯한 아찔한 높이입니다. 여러분도 여기까지 왔다면 잠시 멈춰 기

158계단 위에서 바라본 서울숲 일대의 풍경

다려 보세요. 아마 계단을 오르는 학생을 찾기는 쉽지 않을 겁니다. 158계단 옆으로는 그나마 조금 더 적은 수의 88계단이 있습니다. 역시 만만한 높이는 아닙니다.

한양대 정문과 의과대학의 컬래버레이션

158계단을 내려가면 한양대역 1번 출구 앞입니다. 길을 따라가면 곧 정문을 만날 수 있지만, 말이 정문이지 실제 문은 없답니다. 성균관대, 중앙대처럼 한양대 또한 담과 문을 허물어 비석으로 문을 대신

한양대역 4번 출구에서 만나는 덕수고등학교 행당분교

대학가 이모저모

한양대역 4번 출구 밖은 덕수고등학교 행당분교와 행당중학교입니다. 덕수고등학교 행당분교는 2024년 졸업식을 끝으로 폐교되었는데요, 덕수고등학교가 아니라 행당분교가 폐교했다는 것이니 주의해야 합니다. 덕수고는 현재 송파구 위례신도시에 새로운 부지를 받아 일반계 고등학교로 명성을 이어 가고 있지요.

야구 팬이라면 '덕수'라는 이름이 왠지 익숙할 겁니다. 어른 세대에게는 야구 명가 덕수상업고등학교(덕수상고)라는 이름이 더 익숙할 테고요. 덕수상고에서 덕수고로의 변신과 부분 통폐합은 학령 인구 감소의 여파를 피부로 느끼도록 만듭니다.

한양대 길 건너 덕수상고와 행당중의 부지는 본디 서울교육대학교의 자리였습니다. 서울교대가 서초동으로 이전하면서 을지로에 있던 덕수상고가 이곳 행당동으로 이전해 온 것이었어요. 다시 덕수고가 이전하면서 부지가 남았는데요, 이 부지는 공립 대안교육 위탁 기관 등과 같은 교육 관련 시설로 채워질 예정입니다. 서울교대와 덕수고를 거쳐, 같은 부지가 교육 관련 공간으로 꾸준히 이용되고 있는 셈이지요.

한편 덕수고가 새롭게 둥지를 튼 위례신도시는 서울과 경기도에 걸쳐 있습니다. 덕수고는 행정 경계를 사이로 아슬아슬하게 서울에 속해 있지요. 서울의 도심 지역이 학령 인구 감소로 고충을 겪고 있는 반면, 외곽 지역은 재개발로 학생들이 늘어난 셈입니다. 덕수고 이전의 배경이지요.

했거든요. 탁 트인 개방감에 녹지 공간을 확보할 수 있고 실용성이 돋보이는 이런 대학 정문은 앞으로 더 많아질 것 같습니다. 정문에서 의과대학 본관과 의학관 그리고 동문회관을 끼고 돌면 우뚝 솟은 한양대학교병원이 위풍당당한 풍모를 뽐내고 있는 것을 볼 수 있습니다.

이곳에서도 다름 아닌 한양 공법이 사람들의 눈을 사로잡습니다. 의과대학 본관과 서관 병동이 구름다리로 연결돼 있거든요. 병원을 한 바퀴 돌아보세요. 모든 건물이 구름다리로 혼연일체를 이루고 있는 것을 확인할 수 있습니다. 2027년에는 정문부터 병원까지 이어지는 공간 위로 최첨단 한양대병원이 지어진다고 합니다. 어느 대학이든 경쟁적으로 더 훌륭한 의료 시스템을 갖추기 위해 의과대학에 막대한 자본을 투입하고 있는데, 한양대도 예외는 아닌가 봅니다.

병원 신관 뒤 주차장에 서면 다시 한번 너른 시야가 열립니다. 사근동의 주택가 뒤로 청계천과 용답역 주변의 넓은 평지가 보이는 풍경이지요. 한양대는 곳곳에 조망 포인트가 제법 많은 대학이에요. 그도 그럴 것이 두 물줄기가 만나 하나가 되는 과정에서 남은, 꽤 높이 솟은 기반암 지역이기 때문이지요. 지리를 알면 공간이 마음에 잡힙니다.

이게 등교인지 등산인지…
우리 학교는 왜 언덕에 있을까?

서울 소재 대학 캠퍼스의 지형은 대부분 굴곡이 져 있습니다. 지하철 입구에서 약 2킬로미터를 걷고 큰 언덕을 넘어야 비로소 정문이 보이는 서울대학교는, 정문에서부터 다시 완만하게 이어진 경사로를 따라 수많은 대학 건물이 늘어서 있어요. 관악산 자락의 산록대를 따라 서울대학교 캠퍼스가 조성된 까닭입니다.

연세대학교도 신촌로터리부터 굴다리를 통과해 정문을 만나고, 다시 정문에서 백양로를 따라 본관 앞에 다다를 때까지 완만한 언덕이 이어집니다. 고려대학교는 또 어떤가요? 정문에서부터 완만하게 이어진 언덕을 따라 본관을 만나고, 좌우로 넓게 늘어선 이공대학과 의과대학 또한 모두 언덕을 따라 다채롭게 펼쳐집니다. 이러한 패턴은 남산의 산록대에 올라 있는 동국대학교를 비롯해 경희대학교, 중앙대학교, 한양대학교, 숙명여자대학교, 성균관대학교, 건국대학교, 서울교육대학교 등 서울 소재의 대학교에서 공통적으로 나타나는 특징입니다. 단지 높낮이의 차이만 있을 뿐이지요.

그렇다면 서울에는 평지에 놓인 대학은 없는 걸까요? 다행스럽게도 한 곳이 있습니다. 바로 한국체육대학교입니다. 한국체육대학교는 캠퍼스를 걷는 동안 오르막과 내리막을 경험할 수 없는 거의 완벽한 평지 대학입니다. 한국체육대학교 바로 곁의 몽촌토성과 올림픽공원만 하더라도 낮은 언덕으로 이루어져 있지만, 한국체육대학교는 그렇지 않죠. 그건 캠퍼스가 있는 땅의 밑바탕이 굴곡이 거의 없는 충적층이기 때문입니다. 충적층이라는 건 쉽게 말해 하천이 넓고 고르게 물질을 쌓아 만든 평야입니다. 마치 식빵에 버터를 바르듯이 넓고 고르게 물질이 펼쳐진 덕에 충적층에서는 단단한 암반을 만날 수 없습니다.

넓은 충적층은 하천이 만드니, 한강으로 흘러드는 안양천, 불광천, 중랑천, 탄천 주변에는 모두 너른 충적층이 발달했습니다. 만약 이들 공간에 넓은 캠퍼스 부지를 만들 수 있었다면 이른바 한국체육대학교와 같은 평지 대학교도 제법 있었을 텐데요, 그러지 못한 이유가 있습니다. 서울 소재의 주요 대학들은 충적지를 본격적으로 이용하기 전에 만들어졌거든요.

충적지는 여름철 집중호우로 워낙 범람이 잦아서 예부터 사람이 밀집하지 못했고, 좋은 땅 자리로 평가받지 못했습니다. 하지만 서울의 도시화 과정에서 많은 인구를 수용해야 하다 보니 한강 변의 모래 습지에 주목하게 되었고, 높은 제방을 쌓아 평평한 땅을 만드는 작업이 활발히 이루어졌어요. 그 덕에 상암동 신시가지, 목동 신시가지, 대치동과 송파 일대의 너른 아파트 자리, 한강 변 반포 대단지 아파트 등이 만들어질 수 있었던 겁니다.

하천변 충적지에 대학을 새로 짓기보다는 많은 인구를 수용할 수 있는 아파트 단지를 조성하는 편이 여러모로 쓰임새가 좋았습니다. 인천 송도에 있는 연세대학교 국제캠퍼스를 가 본 사람은 알겠지만, 그곳 역시 땅의 높낮이를 느낄 수 있는 공간이 없습니다. 송도는 갯벌을 간척해 넓고 평평하게 다진 땅이니까 그럴 수밖에요!

해외 대학 탐방하기 ①

평탄한 산이 바다를 굽어보다
대륙의 최남단에 솟은 케이프타운대학교
— 남아프리카공화국 (아프리카 대륙)

케이프타운대학교는 아프리카를 대표하는 교육기관으로 정평이 나 있다. 케이프타운대학교는 노벨상 수상자를 여럿 배출할 정도로 연구 중심의 시스템이 잘 갖춰져 있기도 하다. 아프리카에서 가장 오래된 대학은 문명을 꽃피운 이집트에 있지만, 사하라 이남 아프리카로 한정한다면 케이프타운대학교가 가장 역사가 깊다. 오랜 역사를 바탕으로 21세기 첨단의 시대에 괄목할 성과를 내는 대학이 되었으니, 케이프타운대학교는 전통과 실력을 두루 겸비한 명

케이프타운대학 캠퍼스와 그 뒤에 위치한 테이블마운틴의 전경

>>> 해외 대학 탐방하기

실상부 세계 수준의 대학이라 부를 만하다.

케이프타운대학교는 1829년 사우스아프리칸칼리지(South African College)로 출발했다. 19세기 초 대학 설립에 관여한 세력은 케이프타운 일대를 식민지화한 영국이다. 영국은 1795년부터 본격적으로 케이프 지역을 식민지로 삼았다. 남아프리카공화국은 다이아몬드 및 금광으로 유명하다. 광물을 캐면 그것을 가공하는 기술이 필요한데, 그 역할을 케이프타운대학교가 맡았다. 케이프타운대학교는 초창기에 주로 광업 가공 기술을 중심으로 성장하면서 그 흐름을 타고 1918년 종합대학으로 정식 출범 했다. 저간의 흐름에서 눈치를 챘겠지만, 케이프타운대학교는 줄곧 영국계 민족(인종) 중심의 대학이었다. 하지만 종합대학 승격 이후 아프리카계 민족(인종)에게도 입학의 문이 서서히 열리기 시작했다. 악명 높았던 인종차별 정책인 아파르트헤이트 이후에는 아프리카계 학생 비율이 점점 더 높아지는 추세이기도 하다.

케이프타운대학교가 있는 케이프 지역은 지리적으로 세 가지의 관점에서 주목할 만하다. 첫째는 지형적으로 거대한 해안의 만 입부이자 탁자 모양의 지형이라는 것, 둘째는 기후적으로 사람이 살기 좋은 지중해성 기후라는 것, 셋째는 아프리카 최남단부에 위치하여 지정학 및 지경학적으로 중요한 위치 특성을 갖는다는 점이다. 케이프타운대학교가 있는 공간의 세 가지 조건을 비빔밥처럼 잘 버무리면, 공간에 새겨진 역사적 층위를 어렵지 않게 분석할 수 있다. 조건을 하나씩 분해하도록 하자.

우선 지형 조건이다. 케이프타운대학교가 깃든 케이프타운은 거대한 펄스만을 구성하는 한 축인 테이블마운틴(Table Mountain)이다. 테이블마운틴은 이름처럼 멀리서 보면 탁자처럼 산 정상부가 평평하다. 정상부가 평탄한 고원이 만들어진 곳은 십중팔구 퇴적암 지역이다. 퇴적 지층은 한 층씩 오랜 시간 동안 쌓여서 만들어지기 때문에, 땅이 솟아오르든 물이 내려가든 산의 정상부가 평평하게 남는 경우가 많기 때문이다. 미국 서부의 그랜드캐니언 고지대 또한 이와 같은 원리로 만들어졌다. 두 지역 모두 사암 계열의 퇴적암 지역이라는 점이 이를 뒷받침한다. 테이블마운틴은 양 끝단에 '악마의 봉우리', '사자의 엉덩이'라 불리는 뾰족한 봉우리가 있는데, 케이프

타운대학교는 이 중 악마의 봉우리를 등지고 있다.

테이블마운틴이 굽어보는 공간이 바로 케이프타운대학교를 위시한 케이프타운(Cape Town)이다. 케이프타운이라는 이름 역시 그대로 풀면 '곶의 도시'다. 곶은 바다를 향해 돌출한 육지부를 지칭하는 말이다. 아프리카 최남서단에 만들어진 펄스만의 한 축을 담당하는 테이블마운틴의 별칭은 입법 도시다. 입법 도시라는 별명은 남아프리카공화국의 법률을 제정하는 국회가 케이프타운에 있어서 붙여진 이름이다. 케이프타운이 대도시로 발달할 수 있었던 건 유럽의 대항해시대 이후다. 테이블마운틴 끝자락에는 희망봉이라는 돌출 지형이 있다. 희망봉은 오늘날 대서양과 인도양을 구분하는 기준점으로서 의미가 크다. 역사적으로는 대항해시대 최초로 아프리카 남단을 항해한 포르투갈의 항해사 바르톨로뮤 디아즈의 항로 개척으로 유명하다. 희망봉(Cape of Good Hope)이라는 이름 역시 그가 지은 것이다.

지형 다음은 기후다. 케이프타운은 지중해성기후 지역이다. 지도를 펼쳐 적도를 기준으로 반을 접으면 정확히 케이프타운과 지중해가 만난다. 비슷한 위도로 떨어져 있는 덕에 유럽의 지중해와 마찬가지로 케이프타운 지역도 여름철이 고온 건조하고 겨울철이

>>> 해외 대학 탐방하기

온난 습윤한 지중해성기후가 나타난다. 지중해성기후는 온대기후에 속하고, 여름철은 과일 재배, 겨울철은 밀과 귀리 같은 곡물 재배가 가능하다. 지중해성기후는 사람이 살기에 적합하다는 뜻이다.

아프리카 최남단부라는 위치 특성 또한 주목해야 한다. 케이프타운은 대서양에서 인도양으로 접어드는 자리에 있는 도시다. 지금이야 지중해와 홍해를 곧바로 잇는 수에즈운하를 통해 해양 물류가 쉴 새 없이 오가기 때문에, 굳이 유럽에서 아프리카를 돌아 아시아로 갈 일이 적다. 하지만 수에즈운하에 문제가 생기면 희망봉을 찾는 선박은 얼마든지 많아질 수 있다. 세계의 화약고로 불리는 중동 일대의 정세 변화는 수에즈운하를 삽시간에 무력화할 수 있기 때문이다. 그런 면에서 케이프타운대학교가 있는 케이프타운 일대는 지정학 및 지경학적으로도 남다른 공간적 의미를 지닌다.

마지막으로 케이프타운대학교 뒷산인 테이블마운틴의 저수지에 관해 알아보자. 테이블마운틴에는 평평한 정상부에 다섯 개의 저수지가 있다. 산 정상부는 경사가 급해 일반적으로 저수지를 만들기 어렵지만, 퇴적암으로 이루어진 테이블마운틴은 사정이 다르다. 층층이 물질이 쌓인 퇴적암 지형 중간에 배수가 잘 안 되는 층이 끼어 있으면 저수지를 만들기 수월하다. 나아가 겨울이 습윤한 테이블마운틴 일대는 산 정상부가 안개로 뒤덮이는 일이 잦다. 잦은 안개는 또 다른 유형의 물 공급처다. 케이프타운의 인구가 급격히 증가함에 따라 안정적인 물 공급이 필요하던 차에, 1897년 우드헤드댐을 시작으로 순차적으로 저수지가 만들어진 것이다. 케이프타운대학교 옆에도 작은 저수지가 있다. 하천이 흘러들지 않는데도 저수지를 만들 수 있었던 건, 앞선 지리적 조건과 밀접하게 관련이 있다.

해외 대학 탐방하기 ②

삼각주에 자리 잡은 도시,
도쿄의 대학 트라이앵글
— 일본(아시아 대륙)

일본의 명문 대학은 대부분 수도 도쿄에 있다. 그중에서도 일본의 최상위권 학생이 첫손에 꼽는 학교는 국립 법인 도쿄대학교다. 일찍이 서양 문물을 받아들인 덕에 일본은 서양식 근대 학교에 관심을 두었고, 그 노력의 결과가 도쿄대학의 탄생으로 이어졌다. 도쿄대학교는 그래서 아시아 최초의 근대 대학으로 평가받는다. 일본

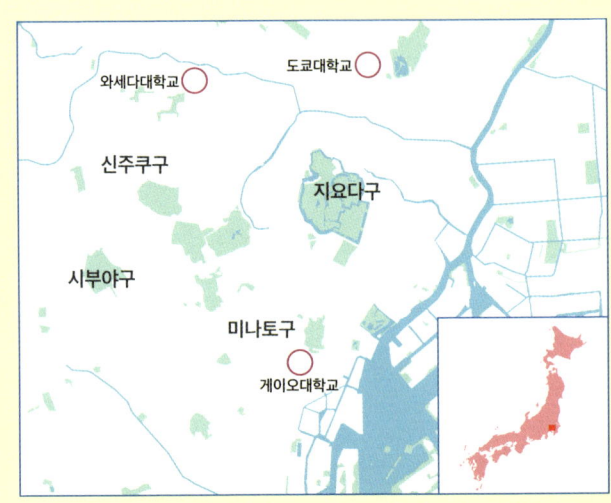

일본의 수도권 도쿄도에 밀집해 있는 세 대학교

284   >>> 해외 대학 탐방하기

은 메이지유신 덕에 중국보다 빨리 근대적 학제를 국가 시스템에 도입할 수 있었다. 서구 문명을 적극적으로 수용해 근대적인 관료 지식인을 양성하겠다는 메이지유신의 정신이 도쿄대학교의 설립으로 열매를 맺은 것이다.

도쿄대학교의 캠퍼스는 엄밀히 말해 전국 곳곳에 있지만, 핵심 캠퍼스는 도쿄도에 있다. 도쿄도는 이른바 일본의 수도권에 해당하는 도쿄 광역권의 핵심 도시다. 2024년 기준, 23개의 행정구역으로 이루어진 도쿄도는 인구가 약 1,400만 명에 달한다. 이는 일본 전체 인구의 약 11퍼센트에 해당하는 수치다. 1603년 도쿠가와 이에야스가 막부 시대를 열면서 도쿄로의 인구 집중이 본격화했다. 그 당시 도쿄의 이름은 에도였다. 에도는 나날이 성장해 18세기 중반에 이르러 인구 100만 명을 넘는 대도시가 되었다. 에도 시대가 막을 내린 해는 1868년이고, 이후는 메이지 시대의 물결이 국가 정신을 지배했다. 앞서 이야기했듯 그 물결의 높은 파고에 올라탄 게 바로 도쿄대학교다.

도쿄대학교의 자리를 제대로 알기 위해선 삼각주를 알아야 한다. 삼각주는 하천과 바다가 만나는 공간에 발달하는 퇴적 지형이다. 하천의 상류는 대부분 산지를 끼고 있다. 산지에서 내려온 물줄기는 산지에서 공급된 다양한 크기의 퇴적물을 가지고 운반한다. 하천이 운반하던 물질은 모이고 모여 바다와 만나는 지점에서 잘 쌓인다. 물질의 양이 많은 경우 부채꼴 모양의 삼각주가 발달하기도 한다.

도쿄도 바로 앞이 바다인 동경만인데, 일본의 삼각주는 어떻게 이렇게 넓을까? 이는 일본의 지리적 특성에 기인한다. 일본은 크게 보아 태평양판과 유라시아판이 만나는 판의 경계에서 가깝다. 그래서 땅이 불안정한 경우가 많아 지진과 화산, 나아가 지진해일인 쓰나미도 발생하는 것이다. 일본 국토의 약 80퍼센트는 산지다. 산이 많기로 유명한 우리나라보다 산지의 비중이 높다! 판의 경계에서 들어 올려진 땅이 경사가 급한 산지를 이루는 경우가 많다 보니 그곳에서 밀려 내려온 물질이 넓은 삼각주를 만들 수 있는 것이다. 도쿄도를 비롯해 주변 사이타마, 지바, 가와사키 등은 모두 도쿄도와 비슷한 삼각주의 퇴적 지형에 만들어진 도시다. 넓은 삼각주에 얹힌

신주쿠의 야경

도쿄에 가면 이렇다 할 높은 언덕을 보기 힘든 이유가 여기에 있다. 시야를 넓혀 나고야, 오사카의 입지를 봐도 도쿄 대도시권과 지리적 조건이 같음을 알 수 있다. 후지산을 비롯한 높은 산지의 아름다움은 도쿄도 주변을 이루는 넓고 평탄한 삼각주와의 대비를 알 때 더 잘 느낄 수 있다(후지산은 도쿄에서 약 100킬로미터 떨어진 거리에 있다).

    삼각주의 넓은 퇴적 지층과 바다가 만나는 자리는 생활과 방어에 모두 유리하다. 일본의 천황이 사는 특별행정구인 지요다구가 바로 그런 자리다. 지요다구는 메이지 시대에 접어들기 전에는 에도 시대의 막부 자리였고, 이후로는 천황이 사는 핵심 중의 핵심 공간으로 자리매김했다. 황궁을 비롯해 입법부, 사법부, 행정부의 주요 기관이 모두 밀집되어 있다는 것은 이곳의 공간 및 역사적 위상을 알려 준다. 일본의 정치·경제 중심지로서 기능하는 지요다구엔 유네스코 세계유산으로 등재된 에도성이 있다. 성을 둘러싼 해자가 아름답기로 유명하다. 방어는 물론 경관도 뛰어난 천연 해자를 놓을 수 있었던 까닭 역시, 퇴적물이 쌓여 만들어진 삼각주 덕분이다.

    도쿄도의 노른자인 지요다구를 중심으로 북쪽으로는 국립법인 도쿄대학교, 북서쪽으로는 사립 명문 와세다대학교, 남쪽으로는 마찬가지로 사립 명문인 게이오대학교가 있다. 세 대학교 모두 지요다구와의 거리가 엇비슷하다. 와세다대학교와 게이오대학교는 우리나라의 연세대학교와 고려대학교처럼 일본을 대표하는 사학 명문으로, 역사와 전통이 깊다. 도쿄대학교 인근에는 도쿄국립박물관, 국립과학박물관, 국립서양미술관, 우에노동물원 등 문화 공간을 비롯해 시노바즈 연못과 녹음이 어우러진 우에노공원이 있어, 대규모 문화와 도시 휴식의 공간이라는 느낌이 강하게 든다. 반면 와세다대학교는 도쿄도의 최대 상권인 신주쿠와 가깝다. 신주쿠는 최대의 유흥, 오락, 비즈니스 상업 지구로 하루 200만 명 이상의 유동 인구가 오가는 도쿄도의 노른자위다. 신주쿠를 여행하다 보면 자연스럽게 와세다대학교 캠퍼스 여행을 곁들이게 되는 이유다. 서울의 신촌 상권에 있는 연세대학교와 신주쿠 상권의 와세다대학교는 국경을 넘어 흥미로운 공간의 대구를 이룬다.

지요다구의 남쪽에 있는 게이오대학교의 정식 명칭은 게이오기주쿠대학교다. 일본에서 가장 오래된 사립대학교로 1858년에 설립되었다. 게이오대학교는 일본 최고의 부촌에 해당하는 도쿄도 미나토구에 속한다. 미나토구는 동경만과 매우 가까운 도쿄항구의 공간이자 국제 도시라는 상징성을 지닌다. 도쿄항에서 레인보우브릿지를 건너 도쿄의 랜드마크인 도쿄타워로 가는 길목에 바로 게이오대학교가 있다.

게이오대학교는 매년 와세다대학교와 소케이센이라 부르는 정기 라이벌전을 벌인다. 두 라이벌 대학이 치르는 소케이센은 우리나라의 연고전 또는 고연전의 모태로 알려져 있다. 와세다대학교가 상권의 핵심지라면, 게이오대학교는 그 상권을 진두지휘하는 실용경제의 중심지다. 와세다대와 게이오대 출신은 기업가가 많고, 도쿄대 출신은 내각의 관료가 많다고 하니, 흥미롭게도 대학이 있는 공간의 성격과 묘하게 닮은 듯하다.

해외 대학 탐방하기 ③

오래된 라이벌, 지리적으로는 쌍둥이?
옥스퍼드대학교와 케임브리지대학교
― 영국(유럽 대륙)

영국 최초의 대학교는 1096년에 설립된 옥스퍼드대학교다. '옥스퍼드(Oxford)'라는 이름을 알게 된 경로는 제각각이겠지만, 아마도 대부분은 학창 시절 들춰 보던 사전을 통해서일 것 같다. 옥스퍼드 영어 사전은 이름과 같이 옥스퍼드대학교출판부에서 출간한다. 초판을 발행한 건 1884년이다. 오래된 만큼 권위가 있고 새롭게 등재되는 어휘도 많다.

'해리 포터' 시리즈를 보았다면 옥스퍼드대학교의 전경은 익

옥스퍼드대학의 전경

>>> 해외 대학 탐방하기

숙할 것이다. 주인공 해리 포터가 다닌 마법 학교 호그와트의 주된 촬영지가 바로 옥스퍼드대학교다. 해리포터가 속한 그리핀도르 기숙사 역시 옥스퍼드의 여러 칼리지를 바탕으로 제작됐다. 특히 호그와트 식당으로 연출된 크라이스트처치칼리지가 매우 유명하다. 중세풍의 아름다운 건물과 천연의 잔디가 어우러진 대학의 전경은 원작 소설을 집필한 조앤 롤링에게 다채로운 영감을 주었으리라. 문득 롤링이 케임브리지 대신 옥스퍼드를 택한 이유가 궁금했다. 그녀의 고향을 알아보니 브리스톨 근처의 예이트다. 예이트에서 옥스퍼드까지의 거리는 케임브리지까지의 거리의 절반이다. 롤링의 선택에 물리적 거리가 영향을 주진 않았을까?

이쯤에서 칼리지(college)의 뜻을 명확하게 짚어 볼 필요가 있다. 우리나라의 경우 4년제의 종합대학을 유니버시티(university), 2년제의 단과대학을 칼리지로 표현하는 경우가 많다. 하지만 이는 엄밀히 말해 잘못된 개념이다. 유니버시티나 칼리지나 모두 고등교육기관을 뜻하기 때문이다. 옥스퍼드대학교를 구성하는 각각의 칼리지의 총체가 유니버시티다. 그러니까 어떤 학생이 옥스퍼드대학교의 학생이라면, 동시에 특정 칼리지 소속이기도 하다는 것이다. 영국 청교도가 개척한 미국의 대학 시스템도 마찬가지다. 하버드 유니버시티의 학부 대학을 일컫는 말이 하버드 칼리지인 까닭이다.

옥스퍼드대학교는 주된 캠퍼스라고 할 만한 곳이 마땅치 않다. 유니버시티를 구성하는 각각의 칼리지가 도시 이곳저곳에 흩어져 있다. 그런 면에서 옥스퍼드대학교는 도시 대학, 혹은 대학 도시라고 할 수 있다. 옥스퍼드대학교가 하나의 도시처럼 진화한 까닭은 13세기에 설립된 베일리얼, 머턴 등과 같은 오래된 칼리지에서부터 차근차근 몸집을 키운 덕이다. 오늘날 약 40개 이상으로 성장한 칼리지는 각자의 학문 체계를 구축해 옥스퍼드대학교의 전통을 충실히 잇는다.

옥스퍼드는 영국 잉글랜드 옥스퍼드셔에 있는 도시다. 옥스퍼드는 황소를 뜻하는 '옥스(ox)'와 여울을 뜻하는 '포드(ford)'를 합해 만들었다. 황소가 건너는 여울인 옥스퍼드는 지리적으로 템스강의 발달과 관련이 깊다. 잉글랜드 켐블 마을의 구릉지에서 발원한 템스강의 물줄기는 옥스퍼드에 이르러 폭이 넓어진다. 템스강은 옥스퍼

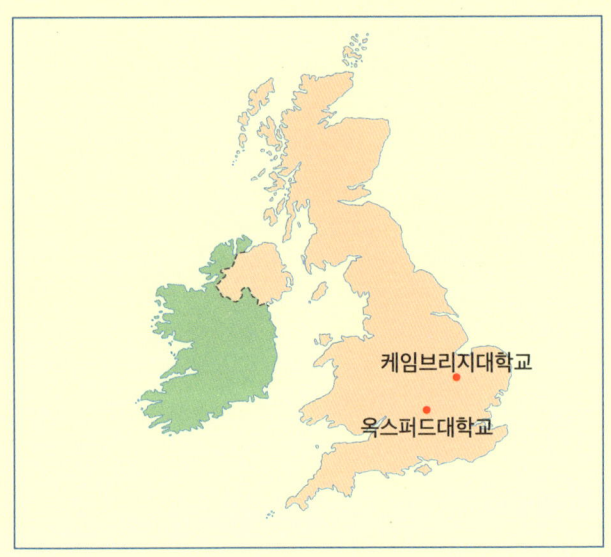

영국 지도와 두 대학의 위치

드 일대의 습지를 여러 물줄기로 나뉘어 굽이쳐 흐르는데, 이는 옥스퍼드가 비교적 균일한 퇴적물이 쌓여 형성된 공간임을 뜻한다. 이는 옥스퍼드가 속한 옥스퍼드셔 일대의 지질 특징과 관련이 깊다.

옥스퍼드셔의 암석 대부분은 중생대 얕은 바다에서 퇴적된 물질로 이루어져 있다. 옥스퍼드셔 일대에서 가장 흔한 진흙 위주의 퇴적 지층에는 이 지역이 옛날에 바다였음을 알리는 암모나이트와 벨렘나이트 등의 화석이 발견된다. 하천이 입자 크기가 비슷한 퇴적물이 쌓인 공간을 헤치고 지날 때는 대부분 요리조리 굽이치는 경우가 많다. 아마존강의 물줄기, 우리나라 서해안 갯벌의 물줄기가 심하게 굽이치는 까닭이다. 퇴적암에서 나온 아주 작은 물질이 옥스퍼드의 평야를 이루고, 그 사이를 템스강이 관통해 흐르는 구조다 보니, 자연스럽게 여울이 지는 구간이 많다.

여울을 건너는 황소도 지리적 특성에서 비롯됐다. 영국의 기후는 특히 소를 키우기 매우 적합하다. 영국은 국토 전체가 서안해양성기후 지역이다. 일 년 내내 비가 일정하고 습도가 안정적이라는 것이다. 대서양을 지나온 비구름이 편서풍을 타고 꾸준히 공급되어

>>> 해외 대학 탐방하기

케임브리지대학의 전경

비가 되어 내린다. 습도가 안정적이고 비구름이 많은 지역에서는 목초가 잘 자란다. 자연스럽게 초원이 형성되니 풀을 먹여 소를 키우는 일이 수월하다. 프랑스와 네덜란드 등의 유럽 대륙 지역에도 이러한 양상이 나타난다. 잉글랜드 프리미어리그 울버햄튼 원더러스 FC에서 뛰는 황희찬 선수의 별명이 '코리안 황소'인 것도 이러한 영국의 풍토에서 비롯한 표현인지 모르겠다.

옥스퍼드에서 북동쪽으로 이동하면 케임브리지대학교를 만난다. 케임브리지대학교의 뿌리는 사실 옥스퍼드대학교다. 1209년 옥스퍼드대학교에서 당시 대학생과 옥스퍼드 주민 간 큰 충돌이 일어났다. 그 틈을 타 옥스퍼드대학교의 연구자 중 일부가 케임브리지로 옮겨 새로운 대학인 케임브리지대학교를 설립했다. 그래서 케임브리지대학교의 시스템은 옥스퍼드대학교와 대동소이하다. 케임브리지 또한 대학 도시로서의 면모를 충실히 갖추었음은 물론이다. 케임브리지는 캠강이 관통한다. 캠강과 템스강은 위치만 다를 뿐, 기반암에 따른 지리적 문법은 같다.

옥스퍼드대학교와 케임브리지대학교는 오랜 역사성과 남다른 학문 성과로 이미 수백 년간 라이벌 대학으로 함께 성장했다. 영국 총리를 더 많이 배출한 곳은 옥스퍼드대학교, 노벨상 수상자를 더 많이 배출한 곳은 케임브리지대학교라는 식의 유치한 비교가 가

1841년 펼쳐진 보트레이스 경기를 묘사한 판화

능한 것도 두 대학 간 물러설 수 없는 자존심 싸움이 있기 때문이다. 두 대학을 일컬어 '옥스브리지(Oxbridge)'라는 말이 생길 정도로 라이벌 의식은 하늘을 찌른다. 과거 두 대학은 물리적 충돌을 불사하고 대학 항전을 벌였지만, 지금은 규칙이 엄격한 스포츠를 통해 합법적으로 합을 겨룬다.

옥스퍼드대학교과 케임브리지대학교 간 가장 유명한 스포츠 대항전은 약 200년의 역사를 자랑하는 조정 경기인 '보트레이스(The Boat Race)'다. 두 대학의 조정팀은 각자의 홈그라운드를 벗어나 수도 런던의 템스강에 모인다. 남자부와 여자부의 경기를 모두 치른 후 승자를 가리는 방식인데, 생중계할 정도로 국민적 관심이 높다.

남자 보트레이스는 1829년, 여자 보트 레이스는 그로부터 약 백 년 후인 1927년에 처음 열렸다. 보트레이스는 냉혹한 승부가 지배하는 프로스포츠의 세계와는 지향점이 다르다. 보트레이스는 순수 아마추어 경기로 레이스에 참가하는 학생 선수는 선의의 경쟁의식과 체력을 기를 수 있는 교육적 기회를 얻을 수 있다. 보트 경주가 펼쳐지면 템스강 변을 따라 수십만 명의 관중이 들어찬다. 수도 런던에서 펼쳐지는 워낙 큰 행사이다 보니 보트레이스의 크루가 되려면 그에 걸맞은 치열한 선발 경쟁을 거쳐야 한다.

가장 최근 경기는 2025년 4월 13일에 개최되었다. 케임브리지대학교가 2년 연속으로 남자부와 여자부 경기 모두 승리했다. 두 대학은 전체 전적에서는 거의 대등하지만, 최근 십여 년 동안의 전적은 케임브리지대학교가 압도하는 양상이다.

두 대학이 세계적인 명문 대학으로서 오랜 시간 자리매김한 데는 이와 같은 선의의 경쟁이 시너지 효과를 낳았을 법하지만, 흥미롭게도 두 대학의 공간은 지리적으로 보면 일란성쌍둥이처럼 닮았다.

해외 대학 탐방하기 ④

먼 거리만큼 지리도 다른 동서부의 대표 대학,
스탠퍼드대학교와 하버드대학교

— 미국(아메리카 대륙)

    스탠퍼드대학교는 미국 서부 캘리포니아주에 있다. 구체적으로 말하자면 캘리포니아주 스탠퍼드에 있다. 스탠퍼드는 캘리포니아 주지사였던 릴런드 스탠퍼드가 1891년에 설립한 학교다. 그의 이름은 교명을 넘어 행정구역명에도 쓰이는 모양이다. 스탠퍼드대학교의 휘장은 단순하다. 스탠퍼드의 앞 글자인 'S'를 크게 그리고, 그 속에 녹색의 큰 나무를 넣었다. 이 나무는 세쿼이아다. 아름드리 세쿼이아는 몇 가지 공간의 입지 특징을 알려 준다.

하늘에서 본 스탠퍼드대

>>> 해외 대학 탐방하기

미국의 동서부 해안에 각각 터를 잡은 하버드대와 스탠퍼드대

  개발 이전의 스탠퍼드 일대는 거대한 세쿼이아 나무가 무성한 공간이었다. 세쿼이아는 북아메리카 원산의 세계에서 가장 크고 굵게 자라는 나무다. 세쿼이아의 분포는 캘리포니아 해안을 따라 남북으로 길게 늘어서 있다. 미국 서부 여행에서 빠지지 않는 '레드우드'가 들어간 국립공원은 십중팔구 세쿼이아 숲이라 봐도 좋다. 세쿼이아는 미국과 뉴질랜드 정도에서만 제한적으로 서식한다. 스탠퍼드대학 근처의 레드우드시티는 세쿼이아의 존재를 더욱 확실히 입증하는 지명이기도 하다.
  스탠퍼드대학교의 자리를 제대로 이해하려면 가장 먼저 이곳이 샌안드레아스단층이 만든 공간이라는 점을 알아야 한다. 샌안드레아스단층은 판과 판의 경계에 해당하는 곳이라, 전 세계 육지 중에서도 가장 뚜렷한 땅 갈라짐의 흔적이 나타난다. 스탠퍼드대학교가 있는 자리에서 지도의 시야를 넓히면, 북서-남동 방향으로 날카롭게 재단된 갈라짐의 흔적을 볼 수 있다. 지도를 보면 주변으로 땅 갈라짐의 방향과 산줄기의 방향이 일치하는 것을 어렵지 않게 확인할 수 있다. 시야를 조금 더 넓히면 산줄기의 방향과 주변 골짜기의 방향이 일치한다는 것, 요세미티국립공원이 있는 시에라네바다산맥과 그 앞의 넓은 센트럴밸리의 방향이 일치한다는 것도 알 수 있다. 스케일을 좁히든 넓히든 산줄기와 평야의 방향이 일치하는 것은 모두 샌안드레아스단층 주변에서 일정한 방향의 땅 갈라짐의 영향을 받은 결과다.

샌안드레아스단층을 알면 스탠퍼드대학교가 있는 샌프란시스코만의 형성도 알 수 있다. 역시나 북서-남동 방향으로 길게 발달한 샌프란시스코만은 땅 갈라짐이 유독 심한 곳에 해수가 들어오며 형성되었다. 샌프란시스코만에서 가장 깊숙한 공간은 해수의 힘이 약하고 주변 산지에서 많은 퇴적물이 모이는 곳이라 산호세라는 대도시의 터가 되었다. 산호세는 세계 첨단 산업의 중심 실리콘밸리가 발달한 곳이다. 실리콘밸리의 태동을 알린 최초의 벤처 기업인 휴렛팩커드를 비롯한 스티브 잡스의 애플, 래리 페이지와 세르게이 브린이 공동 창업한 구글이 모두 여기 있다.

앞서 언급한 기업은 모두 스탠퍼드대학교와 관련이 깊다. 윌리엄 휴렛과 데이비드 패커드, 래리 페이지와 세르게이 브린은 모두 스탠퍼드대학교 출신으로 이른바 산업과 대학의 컬래버레이션이 중요한 산업 클러스터의 모범을 보였다. 스티브 잡스는 스탠퍼드대학교를 졸업하진 않았지만, 2005년 스탠퍼드대학교 졸업식 연사로 초청돼 지금도 회자하는 명연설을 했다. 스티브 잡스가 남긴 마지막 문장인 'stay hungry, stay foolish(계속 갈망하고, 미련해 보이더라도 부딪혀라.)'는 실리콘밸리의 수많은 벤처기업의 도전 정신을 일깨운다.

미국 반대편 동부의 매사추세츠주 보스턴으로 넘어가면 하버드대학교를 만날 수 있다. 하버드대학교는 1636년 설립된 미국에서 가장 오래된 대학이자, 세계에서 가장 인지도가 높은 대학이다. 하버드라는 교명 역시 스탠퍼드처럼 설립자 존 하버드의 이름에서 빌린 것이다. 그렇다면 존 하버드는 어느 대학 출신일까? 미국의 개척 역사가 영국의 백인으로부터 시작되었으니, 존 하버드 역시 영국의 대학을 나왔을까? 예상대로다. 존 하버드는 영국 케임브리지대학교를 졸업했다.

스탠퍼드대학교가 판과 판의 경계에 해당하는 공간이자 높고 험준한 시에라네바다산맥 주변에 있다면, 하버드대학교는 판의 경계에서 멀고 상대적으로 낮고 완만한 애팔래치아산맥 곁에 있다. 정확히 말하자면 매사추세츠주 케임브리지다. 미국의 케임브리지

하버드대를 대표하는 학부생 기숙사인 던스터하우스

는 대서양의 핵심 도시이자 매사추세츠의 주도인 보스턴의 위성도시다. 케임브리지의 핵심은 누가 뭐래도 하버드대학교다. 하버드대학교는 공간마다 이름이 제각각이다. 대표적으로 핵심 캠퍼스는 하버드야드, 그 주변은 하버드스퀘어로 불린다. 하버드를 관통하는 찰스강은 매사추세츠주의 젖줄로, 매사추세츠만으로 흘러든다.

찰스강에 기댄 또 다른 대학인 매사추세츠공과대학은 하버드대학교와 더불어 미국 최고의 교육도시인 보스턴의 정취를 북돋는다. 하버드대학교의 보스턴은 영국에서 건너온 청교도가 정착한 뉴잉글랜드 지방으로 나아가는 교두보이기도 해서 일찍부터 사람이 모였다. 하버드대학교가 미국 최초의 대학이 된 까닭은 지리적으로 영국과 대서양의 연결을 통해 가능했다. 실리콘밸리와 선순환을 이룬 스탠퍼드대학교와 아이비리그를 대표하는 하버드대학교 모두 세계적인 명문 대학이지만, 지리적으로는 결이 다른 대학인 셈이다.

도판 출처

39쪽   ⓒ서대문구(www.sdm.go.kr)
131쪽   ⓒ연세유업
154쪽   퍼블릭 도메인(한국정책방송원, 1962)
192쪽   퍼블릭 도메인(한성주, 2008)
292쪽   퍼블릭 도메인(Francis William Topham, 1841)

셔터스톡

280쪽   ⓒRichard Cavalleri
286쪽   ⓒLeManna
288쪽   ⓒAnastasija Mosina
291쪽   ⓒgowithstock
294쪽   ⓒTop Photo Corporation
297쪽   ⓒWangkun Jia

※이 밖의 사진들은 모두 저자가 직접 촬영했습니다.

북트리거 일반 도서

북트리거 청소년 도서

이런 캠퍼스 투어는 처음이야!
지리 선생님과 떠나는 서울 대학가 탐방

1판 1쇄 발행일 2025년 5월 12일

지은이 최재희
펴낸이 권준구 | 펴낸곳 (주)지학사
편집장 김지영 | 편집 공승현 명준성 원동민
책임편집 원동민 | 디자인 정은경디자인 | 일러스트 임은영
마케팅 송성만 손정빈 윤술옥 이채영 | 제작 김현정 이진형 강석준 오지형
등록 2017년 2월 9일(제2017-000034호) | 주소 서울시 마포구 신촌로6길 5
전화 02.330.5265 | 팩스 02.3141.4488 | 이메일 booktrigger@naver.com
홈페이지 www.jihak.co.kr/book-trigger | 블로그 blog.naver.com/booktrigger
페이스북 www.facebook.com/booktrigger | 인스타그램 @booktrigger

ISBN 979-11-93378-41-0 43980

* 책값은 뒤표지에 표기되어 있습니다.
* 잘못된 책은 구입하신 곳에서 바꿔 드립니다.
* 이 책의 전부 또는 일부 내용을 재사용하려면 반드시 저작권자의 사전 동의를
  받아야 합니다.

북트리거

트리거(trigger)는 '방아쇠, 계기, 유인, 자극'을 뜻합니다.
북트리거는 나와 사물, 이웃과 세상을 바라보는 시선에 신선한 자극을 주는 책을 펴냅니다.